颜韶兵◎主编

Hangzhou
Shandi Shucai Lvse Zaipei Jishu

杭州山地蔬菜
绿色栽培技术

中国农业科学技术出版社

图书在版编目（CIP）数据

杭州山地蔬菜绿色栽培技术/颜韶兵主编.—北京：中国农业科学技术出版社，2018.8

ISBN 978-7-5116-3808-3

Ⅰ.①杭… Ⅱ.①颜… Ⅲ.①蔬菜-山地栽培-无污染技术-杭州 Ⅳ.①S63

中国版本图书馆 CIP 数据核字（2018）第175464号

责任编辑　闫庆健
责任校对　李向荣

出 版 者	中国农业科学技术出版社
	北京市中关村南大街12号　邮编：100081
电　　话	（010）82106632（编辑室）（010）82109704（发行部）
	（010）82109703（读者服务部）
传　　真	（010）82106625
网　　址	http://www.castp.cn
经 销 者	各地新华书店
印 刷 者	北京建宏印刷有限公司
开　　本	787mm×1 092mm　　1/16
印　　张	12
字　　数	215千字
版　　次	2018年8月第1版　2018年8月第1次印刷
定　　价	68.00元

《杭州山地蔬菜绿色栽培技术》
编写人员

主　　编　颜韶兵

副 主 编　邹宜静　严百元　梁大刚

编写人员　（按姓氏笔画排序）

丁　力　　白云岚　　刘霁虹　　孙利祥

李楚羚　　何晓萍　　何爱珍　　应学兵

汪　艳　　汪继华　　邵泱峰　　苘娜娜

郑瑞斌　　赵　捷　　赵　蕖　　胡洪锦

俞　斌　　袁德明　　黄　越　　黄凯美

黄惠芳　　董丁发　　潘飞云

前　言

　　自20世纪80年代初，浙江省杭州市首次在临安小范围试种高山蔬菜并获得成功以来，经过30多年的发展，已成为杭州市农业产业的重要组成部分。山地蔬菜的发展，在平抑蔬菜价格、提高质量品质、丰富市民消费等方面起了重要作用，同时形成了许多有地方优势特色的品种和名优出口品种，产品畅销于长三角地区，拥有极高的市场知名度和美誉度。

　　为了进一步推动山地蔬菜产业的发展，提高农民科学种菜水平，笔者组织了长期从事山地蔬菜生产的技术人员，在认真总结实践经验的基础上，编写了《杭州山地蔬菜绿色栽培技术》一书。本书共分概述、主要山地蔬菜绿色栽培、山地蔬菜栽培生态新技术、山地蔬菜高效栽培模式和山地蔬菜绿色栽培研究等5章，全方位介绍了山地蔬菜生产栽培的实践经验和技术创新。本书文字简练，通俗易懂，具有较强的实践性、知识性、指导性和可操作性，既可作为山地蔬菜培训教材，也可作为农民专业合作社、家庭农场和农村蔬菜种植大户自学读本。

　　由于编者水平所限，书中难免有不妥之处，敬请广大读者提出宝贵意见，以便进一步修订和完善。

编　者

2018 年 7 月

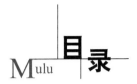

第一章 概 述

第一节 山地蔬菜的概念

山地种菜自古有之，但传统的山地蔬菜是零星的、粗放的，以山区农民自给自足的栽培形式存在，真正意义上的山地蔬菜规模化生产，始于20世纪80年代中期。

2006年，浙江省农业厅组织召开了浙江省首次山地蔬菜产业研讨会，正式提出发展山地蔬菜战略，并将山地蔬菜作为浙江省蔬菜产业发展的重点之一。2015年，浙江大学汪炳良等老师提出山地蔬菜可以归纳为"除平原和城郊蔬菜产区以外，种植于丘陵山区、半山区平缓坡地或台地的蔬菜"（图1-1）。

图 1-1 临安区龙岗镇国石村上溪慧琴高山蔬菜基地外景

高山蔬菜有广义和狭义两种定义。广义为："高山蔬菜是指在高山上种植的蔬菜。"狭义为："高山蔬菜是指利用高山凉爽气候条件，进行春夏菜延后栽培或秋冬菜提前栽培，采收供应期主要为7—10月，并具有一定规模的商品蔬菜。"浙江省把在海拔500米以上种植，供应期为夏秋季，有一定规模的商品蔬菜称为高山蔬菜。

因此，可以把山地蔬菜定义为"包括高、中、低海拔在内的山区丘陵区域种植的蔬菜"，其定义涵盖了高山蔬菜，范围更广，品种更多，技术更全面，效益也更好。多年来发展山地蔬菜生产实践证明：发展山地蔬菜生产是一项投资较少，见效快，综合开发山区资源优势的高效产业之一，经济和社会效益显著，对推进发展山区农村经济繁荣、巩固山区脱贫致富、保障城市蔬菜供应具有重要现实意义。

第二节　山地蔬菜生产与环境条件

一、温度

在影响蔬菜生长发育的环境条件中，以温度最敏感，各种蔬菜都有其生长发育的温度三基点，即最低温度、适宜温度和最高温度。栽培上宜将各种蔬菜产品器官形成期安排在当地最适宜的月份内，以达到高产优质的目的。

（一）各类蔬菜对温度的要求

根据各种蔬菜对温度条件的不同要求和能耐受的温度，可以将蔬菜植物分为五类（表1-1），这是安排蔬菜栽培季节的重要依据。

表1-1　各类蔬菜对温度的要求

类别	主要蔬菜	最高温度（℃）	适宜温度（℃）	最低温度（℃）	特点
多年生宿根蔬菜	韭菜、黄花菜、芦笋等	35	20~30	-10	地上部能耐高温，冬季地上部枯死，以地下宿根(茎)越冬
耐寒蔬菜	菠菜、大葱、洋葱、大蒜等	30	15~20	-5	较耐低温，大部分可露地越冬
半耐寒蔬菜	大白菜、甘蓝、萝卜、胡萝卜、豌豆、蚕豆等	30	17~25	-2	耐寒力稍差，产品器官形成期温度超过21℃时生长不良
喜温蔬菜	黄瓜、番茄、辣椒、菜豆、茄子等	35	20~30	10	不耐低温，15℃以下开花结果不良
耐热蔬菜	冬瓜、苦瓜、西瓜、豇豆、苋菜等	40	30	15	喜高温，具有较强的耐热能力

（二）不同生育时期对温度的要求

蔬菜在不同生育期对温度的要求不同。大多数蔬菜在种子萌发期要求较高的温度，耐寒和半耐寒蔬菜一般在15~20℃，喜温蔬菜一般在20~30℃。进入幼苗期，由于幼苗对温度适应的可塑性较大，根据需要，温度可以稍高或稍低。营养生长盛期要形成产品器官，是决定产量的关键时期，应尽可能安排在温度适宜的季节。休眠期都要求低温。

生殖生长期间要求较高的温度。果菜类花芽分化期的日温应接近花芽分化的最适温度，夜温应略高于花芽分化的最低温度。二年生蔬菜花芽分化需要一定时间的低温诱导，这种现象称为"春化现象"。根据感受低温的时期不同，蔬菜作物可以分为两种类型。

1. 种子春化型

从种子萌动开始即可感受低温通过春化阶段，如白菜、萝卜、菠菜等。所需温度为0~10℃，以2~5℃为宜，低温持续时间为10~30天。在栽培过程中，如果提前遇到低温条件，容易在产品器官形成以前或者形成过程中就抽薹开花，被称为"先期抽薹"或者"未熟抽薹"。

2. 绿体春化型

幼苗长到一定大小后，才能感受低温而通过春化阶段，如洋葱、芹菜、甘蓝等。不同的品种通过春化阶段时要求的苗龄大小、低温程度和低温持续时间不完全相同。对低温条件要求不太严格，比较容易通过春化阶段的品种被称为冬性弱的品种；春化时要求条件比较严格，不太容易抽薹开花的品种被称为冬性强的品种。

开花期对温度要求严格，温度过高或者过低都会影响授粉、受精。结果期要求较高的温度。

（三）土壤温度对蔬菜生长的影响

土壤温度的高低直接影响蔬菜的根系发育和对土壤养分的吸收。一般蔬菜根系生长的适宜温度为24~28℃。土温过低，根系生长受到抑制，蔬菜易感病；土温过高，根系生长细弱，植株易早衰。蔬菜冬春生产地温较低时，宜控制浇水，可以通过中耕松土或者覆盖地膜等措施，提高地温和保墒。夏季地温偏高，宜采用小水勤浇、培土和畦面覆盖方法降低地温，保护根系。此外，在生长旺盛的夏季中午，不可以突然浇水，使根际温度骤然下降而致植株萎蔫，甚至死亡。

二、光照

(一) 光照强度对蔬菜生长的影响

不同蔬菜对光照强度都有一定的要求，一般用光补偿点、光饱和度、光合强度来表示。大多数蔬菜的光饱和点为5万勒克斯左右，光补偿点为1 500~2 000勒克斯。生产中可以根据蔬菜对光照强度的不同要求，采取适宜的措施，增加光照，促进蔬菜生长。在夏季强光季节，选择不同规格的遮阳网覆盖措施降低光照强度，保证蔬菜正常生长。

根据蔬菜对光照强度要求的不同，可以将其分为三类。

1. 喜强光蔬菜

包括西瓜、甜瓜等大部分瓜类和番茄、茄子、芋头、豆薯等，此类蔬菜喜强光，遇阴雨天气，产量低，生长不良。

2. 喜中等光强蔬菜

包括大部分白菜类、萝卜、胡萝卜和葱蒜类，此类蔬菜生长期间不要求很强的光照，但光照太弱时，生长不良。

3. 耐弱光蔬菜

包括生姜和莴苣、芹菜、菠菜等大部分绿叶菜类蔬菜。此类蔬菜在中等光照下，生长良好，强光下生长不良，耐荫能力较强。

(二) 光周期对蔬菜生长发育的影响

蔬菜作物生长和发育对昼夜相对长度的反应被称为"光周期现象"。根据蔬菜作物花芽分化对日照长度的要求不同，可以将其分为三类。

1. 长日性蔬菜

12~14小时以上的日照促进植株开花，短日照条件下延迟开花或者不开花。代表蔬菜有白菜、芥菜、萝卜、胡萝卜、芹菜、菠菜、豌豆、大葱等。

2. 短日性蔬菜

12~14小时以下的日照促进植株开花，在长日照条件下不开花或者延迟开花。代表蔬菜有豇豆、扁豆、苋菜、丝瓜、空心菜、木耳等。

3. 中光性蔬菜

开花对光照时间要求不严格，在较长或者较短的日照条件下，都能开花。代表蔬菜有黄瓜、番茄、菜豆等。

此外，光照长度与一些蔬菜的产品形成有关。如马铃薯、菊芋和许多水生蔬菜的产品器官在较短的日照条件下形成，而洋葱、大蒜等一些鳞茎类蔬菜形成鳞茎要求较长日照。

三、水分

(一) 水对蔬菜生长发育的影响

1. 水是蔬菜的重要组成部分

蔬菜是含水量很高的作物，如大白菜、甘蓝、芹菜和茼蒿等蔬菜的含水量均达93%~96%，成熟的种子含水量也占10%~15%。任何作物都是由无数细胞组成，每个细胞由细胞壁、原生质和细胞核三部分构成。只有当原生质含有80%~90%以上水分时，细胞才能保持一定的膨压，使作物具有一定形态，维持正常的生理代谢。

2. 水是蔬菜生长的重要原料

和其他作物一样，蔬菜的新陈代谢是蔬菜生命的基本特征之一，有机体在生命活动中不断地与周围环境进行物质和能量的交换。

3. 水是输送养料的溶剂

蔬菜生长中需要大量的有机和无机养料。这些原料施入土壤后，首先要通过水溶解变成土壤溶液，才能被作物根系吸收，并输送到蔬菜的各种部位，作为光合作用的重要原料。同时一系列生理生化过程，也只有其参与下才能正常进行。

4. 水为蔬菜的生长提供必要条件

水、肥、气、热等基本要素中，水最为活跃。生产实践中常通过水分来调节其他要素。蔬菜生长需要适宜的温度条件，土壤温度过高或过低，都不利于蔬菜的生长。冬前灌水具有平抑地温的作用。在干旱高温季节的中午采用喷灌或雾灌可以降低株间气温，增加株间空气湿度。叶片能直接从中吸收一部分水分，降低叶温，防止叶片出现萎蔫。

蔬菜生长需要保持良好的土壤通气状况，使土壤保持一定的氧气浓度。一般而言，作物根系适宜的氧气浓度在10%以上，如果土壤水分过多，通气条件不好，则根系发育及吸水吸肥能力就会因缺氧和二氧化碳过多而受影响，轻则生长受抑制、出苗迟缓，重则"沤根""烂种"。

土壤水分状况不仅影响蔬菜的光合能力，也影响植株地上部与地下部、生殖生长与营养生长之间的协调，从而间接影响株间光照条件。如黄瓜是强光照作物，如果盛花期以前土壤水分过大，则易造成旺长，株间光照差，致使花、瓜大量脱落，降低了产量和品质。又如番茄，如果在头穗果实长到核桃大小之前水分过多，叶子过茂，则花、果易脱落，着色困难，上市时间推迟。

由此可见，蔬菜生长发育与土壤水分的田间管理关系十分密切。

（二）不同蔬菜种类对水分的要求

根据蔬菜作物需水特性不同，可以将其分为5类（表1-2）。

表1-2　不同蔬菜种类对水分的要求

类　别	代表蔬菜	形态特征	需水特点	要求和管理
耐旱蔬菜	西瓜、甜瓜、胡萝卜等	叶片多缺刻、有茸毛或者被蜡质，蒸腾量小，根系强大、入土深	消耗水分少，吸收力强大	对空气湿度要求较低，能吸收深层水分，不需多灌水
半耐旱蔬菜	茄果类、豆类、马铃薯等	叶面积中等、组织较硬，多茸毛，水分蒸腾较小，根系较发达	消耗水分较多，吸收力较强	对土壤和空气湿度要求不太高，适度灌溉
半湿润蔬菜	葱蒜类、芦笋等	叶面积小、表面有蜡质，根系分布范围小、根毛少	消耗水分少，吸收力弱	耐较低空气湿度，对土壤湿度要求较高，应经常保持土壤湿润
湿润蔬菜	黄瓜、白菜、甘蓝、多数绿叶菜等	叶面积大，组织柔嫩，根系浅而弱	消耗水分多，吸收力弱	对土壤和空气湿度要求均较高，应加强水分管理
水生蔬菜	藕、茭白等	叶面积大，组织柔嫩，根群不发达，根毛退化、吸收力很弱	消耗水分最多，吸收力最弱	要求较高的空气湿度，须在水中栽培

（三）不同生育期需水特点

种子发芽期要求充足的水分，以供吸水膨胀。胡萝卜、葱等需要吸收种子本身重量100%的水分才能萌发，豌豆甚至需要吸收150%的水分才能萌发。播种后，尤其是播种浅的蔬菜，容易缺水，播后保墒是关键。

幼苗期时面积小、蒸腾量小，需水量不大，但由于根初生、分布浅、吸收力弱，因而要求加强水分管理，保持土壤湿润。

营养生长盛期要进行营养器官的形成和养分的大量积累，细胞、组织迅速增大，养分的制造、运转、积累、储藏等都需要大量的水分。在栽培上，这一时期要满足水分供应，但也要防止水分过多而导致营养生长过旺。

生殖生长期对水分要求较严。开花期缺水会影响花器生长；水分过多时，引起茎叶徒长。所以此期不论是缺水，还是水分过多，均易导致落花落果。进入结果期，特别是结果盛期，果实膨大需要较多的水分，应满足供应。

四、空气

（一）氧气

各种蔬菜对于土壤中氧含量的反应不同，茄子根系受氧浓度的影响较小，辣椒和甜瓜根系对土壤中氧浓度降低表现得异常敏感。栽培上中耕松土、排水防涝，都可以改善土壤中氧气状况。

（二）二氧化碳

一般蔬菜作物进行光合作用，二氧化碳0.1%左右最适宜，而大气中二氧化碳浓度常保持在0.03%左右。在栽培中合理调整植株密度，及时摘掉下部衰老的叶片，都有改善二氧化碳供应状况的作用。因此，在适宜的光照、温度、水分等条件下，适当增加二氧化碳含量，对提高产量有重要作用。蔬菜保护地栽培，可通过二氧化碳施肥，达到增产的目的。

（三）其他有毒气体

1. 二氧化硫

当空气中二氧化硫的浓度达到每立方米0.2克时，几天后植株便会出现受害症状。症状首先在气孔周围及叶缘出现，开始呈水浸状，然后在叶脉间出现"斑点"。对二氧化硫比较敏感的蔬菜有番茄、萝卜、白菜、菠菜和莴苣等。

2. 氯气

氯的毒性比二氧化硫大2~4倍，如萝卜、白菜在每立方米0.1克浓度下，接触2小时，即可见到症状，即使其低于每立方米0.1克浓度，也可使蔬菜叶中叶绿素分解，导致叶产生"黄化"。

3. 乙烯

如每立方米气体中含有0.1克以上的乙烯，对蔬菜就会产生毒害，为害症状与氯相似，叶均匀变黄。黄瓜、番茄和豌豆等特别敏感。

4. 氨

保护地中，使用大量的有机肥料或无机肥料常会产生氨，使保护地蔬菜受害。尿素施后也会产生氨，尤其在施后第3~4天，最易发生。所以，施尿素后再及时盖土灌水，以避免发生氨害。白菜、芥菜、番茄和黄瓜对氨敏感。

第三节 杭州市山地蔬菜发展现状与对策

杭州是"八山半水分半田"的地形格局，西部崇山峻岭起伏，中部丘陵河谷相间，发展山地蔬菜自然条件优越。本市自20世纪80年代初首次在临安小范围试种高山蔬菜并获得成功以来，经过30多年的发展，概念和范围不断延伸，同时也得到了各级政府部门的大力重视，成为重点农业产业－蔬菜产业的重要组成部分。"十一五"期间，浙江省提出大力发展"山地蔬菜"的策略，以充分发挥高山蔬菜的品牌效应，向中低海拔区域拓展，促进山区蔬菜向生产区域更广、生产资源更丰富、生产季节更长、生产效益更高的方向发展，杭州市山地蔬菜在这一政策的带动下也得到了前有未有的发展，在平抑蔬菜价格、提高质量品质、丰富市民消费等方面起了重要作用，同时形成了许多有地方优势特色的品种和名优出口品种，产品畅销于长三角地区，拥有极高的市场知名度和美誉度。据统计，2017年全市山地蔬菜种植面积12.8万亩（1亩≈667平方米。下同），总产量24.62万吨，总产值7.87亿元。

一、生产现状

高山蔬菜是指利用海拔500米以上山区冷凉气候以及昼夜温差条件，进行夏延后栽培，采收上市期为7—10月的蔬菜。现山地蔬菜拓展为海拔200米以上，包括高、中、低海拔在内的山区丘陵区域种植的蔬菜。据统计，杭州市可适宜种植山地蔬菜的耕地面积约29万亩，目前已经种植的面积约12万亩，主要分布在临安、淳安、建德、富阳、桐庐等地的山区和半山区农业圈（图1-2）。

图1-2　建德羊峨高山蔬菜基地外景

（一）生产基础进一步夯实，抗灾能力大大提高

近年来，在杭州市"菜篮子"工程专项资金扶持下，全市共建成综合生产能力较强的市级"菜篮子"山地（高山）蔬菜基地63个，面积7 700亩，路沟渠、喷滴灌、蓄水池和钢架大棚等基础设施得到大幅提升，避雨栽培、遮阳降温、微蓄微灌、新型农机、集约化育苗、病虫绿色防控等多样化增效技术得到全面推广应用，生产能力、保障供应、抗灾减灾能力也大幅提高。

（二）种植蔬菜种类日渐丰富，调剂补淡作用进一步发挥

杭州市山地蔬菜初期主要是高海拔反季节生产番茄、四季豆等越夏补淡的蔬菜作物，经多年发展，品种、设施、配套栽培技术等进一步完善，栽培区域也大大扩展，现茄子、辣椒、四季豆、瓠瓜、黄瓜、南瓜、番茄、花椰菜、甘蓝、萝卜、叶菜类等多种蔬菜均可在山地区域生产，大大丰富了市场供应。特别是"十二五"期间，全市已累计建成抗旱能力强的市级高山蔬菜基地2万亩，夏秋季日均可上市新鲜蔬菜150吨以上，有效缓解了淡季蔬菜供应压力。

（三）质量监管网络进一步健全，产品质量安全有效提升

近年来，杭州市开展了安全食用农产品基地认证、农业标准化基地建设、蔬菜产品基地抽检和专项整治等系列工作，全市范围的农产品质量安全检测工作全面铺开，农产品质量安全管理制度不断健全，源头管控、产地追溯体系等不断完善。市级"菜篮子"山地蔬菜基地建立了严格的田间档案管理系统和完善的质量追溯体系，专人负责田间作业记录，基地自检、产地和市场抽检制度有效保障了质量安全，农产品抽检合格率稳步提升。

（四）产业化水平进一步提升，品牌效益凸显

目前杭州市已有山地蔬菜企业21家，农民专业合作社71家，家庭农场47家，生产经营组织化程度不断发展壮大，形成了以种植大户、家庭农场、专业合作社或龙头企业为载体的多种适度规模经营主体，开发了"天目山"牌等市场竞争力较强的山地蔬菜品牌。品牌化销售提高了产业的整体效益，逐步达到了"创一个品牌，兴一个产业，富一方经济"的品牌效应。2016年在临安区清凉峰镇打造融"有机生产、旅游养生、生态美丽"为一体的有机蔬菜小镇，以浪广浪源、九都锦昌、九都绿源3个基地为核心，对有机蔬菜生产关键和薄弱环节进行提升改造，在修复和改善农业生态环境的同时，增强了优质蔬菜的生产能力，使得全市山地蔬菜品质和产品品牌知名度均得到有效提升，开创了美丽农业发展的新局面（图1-3）。

图 1-3　临安清凉峰有机蔬菜小镇蔬菜基地

二、存在的问题

（一）地区间发展不平衡

杭州市山地蔬菜各个产区常年栽培面积、产量、效益差异较大。据2017年调查，临安山地蔬菜年栽培面积3.9万亩，产量8.75万吨，产值39 300万元，淳安栽培面积4.05万亩，产量仅5.26万吨，产值11 600万元。

（二）持续增收压力增大

一是山地蔬菜受气候、地势等因素影响，栽培种类和轮作制度相对受限，由于长期种植同类蔬菜作物，缺乏科学轮作，导致茄果类青枯病、黄萎病和豆类锈病等病害在一些产区发生严重，影响了经济效益提高。二是土地、劳动力和农资等生产成本持续增加，在农产品价格"天花板"封顶、生产成本"地板"抬升的双重挤压下，菜农收入增速难度加大。三是产供销链接机制不紧密，订单生产不多，市场同质化现象比较普遍，导致产品回报率低。

（三）现代管理水平不高

杭州市山地蔬菜基地均地处偏远，交通不便，导致管理和从业人员大多为土生土长的本地农户，且文化程度较低、趋向老龄化，生产经营管理和日常管理凭"老经验""土办法"，缺乏懂技术、善管理、会营销的复合型人才。

（四）营销手段创新不够

近年来，依靠项目引导和政策扶持，全市部分"菜篮子"蔬菜基地先后在主城区形成了超市直供、摊点直销、单位直配、网购直送等营销新模式。但山地蔬菜营销还处于初级阶段，主要是蔬菜批发商上门收购或种植户自行装运至蔬菜批发市场销售；另外，虽然大部分规模化种植基地重视商标注册，但因宣传力度和知名度不足，且缺乏打造自身优势产品的意识，出现了优质不优价的现象，甚至有机蔬菜当作普通蔬菜销售，导致除茄子等具地方消费特色的产品外，其他蔬菜产品的市场竞争力均不强，很容易被外来同类产品替代。

（五）采后处理技术薄弱

现杭州市山地蔬菜产品还处于鲜销状态，大多在采后进行简单的清洗、分拣后，大筐（箱、袋）包装，商品化处理率不高、冷链运输设施少、贮运保鲜技术缺乏、精深加工不够，导致产品货架寿命、销售半径及市场竞争力等均受到限制。

三、对策

（一）优化资源，稳定规模

山地蔬菜各产区应根据本地实际情况，认真调研，科学制定发展规划和培育目标，改变粗放型发展方式；山地蔬菜应合力布局、统筹发展、稳定规模。

（二）突出特色，打造品牌

根据各地气候特点、作物特性、市场特征的不同，合理安排山地蔬菜种植布局，在实现市场供应的均衡性的同时，做到人无我有，人有我优，人优我特，并创建品牌。充分利用广播、报纸、电视、市场窗口、互联网等媒介平台，大力宣传杭州市山地蔬菜品牌、扩大品牌的知名度和影响力，特别是加强临安清凉峰"有机蔬菜小镇"的宣传，使之尽快形成品牌效应、产生品牌效益。

（三）创新模式，开拓市场

强化营销手段创新，加快发展订单直销、连锁超市经营、配送销售、净菜进城、线上交易、货到付款等现代经营方式和手段，促进山地蔬菜产销直挂。探索山地蔬菜"互联网＋"销售模式，推动规模化生产主体开展网络零售和批发业务，拓宽销售渠道。针对不同消费地区和消费群体需求，加快中高端产品开发，拓展消费市场。加快推进山地蔬菜精深加工，延长产业链，增加产品附加值。探索和开放山地蔬菜休闲体验、观光采摘及农耕文化等，并与当地农家乐市场、纳凉避暑度假等旅游产业结合，扩大销售量。

（四）强化监管，保障服务

在山地蔬菜生产过程中，以无公害生产为基础，建立日常生产管理、农业投入品管理、上市前质量检测、产地追溯体系等制度，切实保障产品质量安全，杜绝质量安全风险。一要抓好源头管控，严格对农药、肥料等农业投入品的管理，严厉打击销售和使用高毒、高残留农药和其他违禁农资的不法行为。二要强化蔬菜技术服务，制定并推广包括山地菜生产、储藏、加工、销售等环节的技术规范，且各地农业技术人员跟踪服务，实现技术到位、效果到位。

（五）政府扶持，生态发展

继续以政策引导、项目支撑、资金扶持等为山地蔬菜发展提供保障，提升基地的设施和装备水平，将规模化生产主体逐步培养为有品牌、能创新、会管理的现代蔬菜生产企业。改革政策扶持模式，调整财政补贴方向，从单纯注重生产转变为生产、流通并重，着力在基础设施配套完善、三新技术推广应用、市场营销模式创新、冷链贮藏运输、政策性保险等方面强化政策支持。强化资源保护，加强生态建设，宣扬生态理念，促进山地蔬菜可持续发展，山地蔬菜的种植大户、龙头企业等应带头反哺，积极参与到山区资源和环境的保护中来，走出一条人与自然和谐发展之路（图1-4）。

图1-4 临安清凉峰有机蔬菜小镇开园仪式

第二章　主要山地蔬菜绿色栽培

第一节　茄　子

临安地处浙西北山区，生态环境优异，山地资源丰富，利用山区昼夜温差大和不易受涝等自然资源优势，积极发展山地茄子生产，已形成5 000多亩的种植规模，可向市场供应优质茄子2万吨。近年来，临安市农业部门在海拔500~1 200米露地栽培的基础上，利用茄子再生能力强、恢复结果快的习性，在夏秋高温高湿及病虫害频发期实施山地茄子剪枝复壮技术，待进入夏末秋初时，茄子迅速恢复生长发育，有效提高了产量与品质，又延长了生长栽培期，避开了山地茄子的上市高峰期，实现了产品在夏秋淡季的分批上市，取得了良好的经济和社会效益。山地茄子产量平均每亩达4 000千克以上，每亩年产值达10 000元以上。

一、生物学特性

（一）形态特征

茄子为茄科茄属植物，直立分枝草本至亚灌木，株高可达1米，小枝，叶柄及花梗均被6~8分枝，平贴或具短柄的星状绒毛，小枝多为紫色，渐老则毛被逐渐脱落。

叶大，卵形至长圆状卵形，长8~18厘米或更长，宽5~11厘米或更宽，先端钝，基部不相等，边缘浅波状或深波状圆裂，上面被3~7分枝短而平贴的星状绒毛，下面密被7~8分枝较长而平贴的星状绒毛，侧脉每边4~5条，在上面疏被星状绒毛，在下面则较密，中脉的毛被与侧脉的相同，叶柄长约2~4.5厘米。

能孕花单生，花柄长1~1.8厘米，毛被较密，花后常下垂，不孕花蝎尾状与能孕花并出；萼近钟形，直径约2.5厘米或稍大，外面密被与花梗相似的星状绒毛及小皮刺，皮刺长约3毫米，萼裂片披针形，先端锐尖，内面疏被星状绒毛，花冠辐状，外面星状毛被较密，内面仅裂片先端疏被星状绒毛，花冠筒长约2毫米，冠檐长约2.1厘米，裂片三角形，长约1厘米；花丝长约2.5毫米，花药长约7.5毫米；子房圆形，顶端密被星状毛，花柱长4~7毫米，中部以下被星状绒毛，柱头浅裂。

茄子的分枝、开花结果很有规律，一般早熟品种第1朵花着生在主茎6~8叶、中晚熟品种在8~9叶。第1朵花所结的果实被称为"门茄"或"根茄"。在第1朵花直下的叶腋所生的侧枝特别强健，几乎与主茎的长势相当，这样便出现了第1次双杈假轴分枝。此后，主茎或侧枝上长出2~3片叶时，又各着生一朵花，这两朵花所结的果实称为"对茄"。同样在叶腋里，发生第2次双杈假轴分枝又各着生一朵花，共结4个果，称为"四门斗"。此后，按上述规律发生第3次双杈假轴分枝，共开8朵花，结8个果，称为"八面风"。当发生第4次双杈假轴分枝时，共开16朵花，结16个果，称为"满天星"。只要条件适宜，以后仍按同样的规律不断地自下而上分枝、开花、结果。如果任其生长，茄子植株将非常茂盛，不仅影响通风透光，而且影响到坐果；另外，早熟栽培的茄子栽培密度较大，田间密不通风，所以，整枝打叶是茄子高产栽培的关键措施之一。一般将"门茄"以下的侧枝全部抹除，侧枝抹除后一般不再整枝，但要及时摘除下部老叶、黄叶及病残叶。

茄子因经长期栽培而变异极大，花的颜色及花的各部数目均有出入，一般有白花，紫花。果的形状大小变异极大。果的形状有长或圆，颜色有白、红、紫等。

（二）生长习性

1. 温度

茄子喜高温且较耐热，种子发芽适温为25~30℃，幼苗期发育适温白天为25~30℃，夜间15~20℃，15℃以下生长缓慢，并引起落花。低于10℃时新陈代谢失调。

2. 光照

茄子对光照时间强度要求都较高。在日照长、强度高的条件下，茄子生育旺盛，花芽质量好，果实产量高，着色佳。

3. 水分

茄子果实形成以前需水量少，迅速生长以后需要水分多一些，对茄收获前后需水量最大，要充分满足水分需要。茄子喜水又怕水，土壤潮湿通气不良时，易引起沤根，空气湿度大容易发生病害。

4. 土壤

茄子适于在富含有机质、保水保肥能力强的土壤中栽培。茄子对氮肥的要求较高，缺氮时延迟花芽分化，花数明显减少，尤其在开花盛期，如果氮不足，短柱花变多，植株发育也不好。在氮肥水平低的条件下，磷肥效果不太显著，后期对钾的吸收急剧增加。

二、品种选择

选择适合本地市场消费、商品性好、优质丰产、生长势旺、抗病性强的细长茄品种。目前，生产上采用较多的品种主要有杭茄2010、浙茄1号、浙茄3号、杭丰1号、丰田2号等。

（一）杭茄2010（图2-1）

该品种长势强，株型直立紧凑，始花节位在第8~9节，耐低温性好；平均株高约80厘米，果长30~35厘米、果径2.2~2.4厘米，单果重80克左右，果形长直，果面光滑，果皮紫红亮丽，果肉白而嫩糯，商品率高，产量高，抗性较强，栽培容易。

图2-1　杭茄2010品种

（二）浙茄1号（图2-2）

浙茄1号是浙江省农科院蔬菜所育成的优质高产杂交一代茄子品种。该品种株型较直立紧凑，开展度40厘米×45厘米，适合密植，生长势强，结果层密，坐果率高，果长30~38厘米，果径2.4厘米左右，单果重80~90克，持续采收期可长达4~5个月。商品性好，商品率高，果实果形长直，尖头，不易打弯，果皮紫红色，光泽好，外观光滑漂亮，肉质洁白细嫩而糯，果肉褐变速度慢，粗纤维含量少，外皮极薄，熟后品质佳，口感好。一般每亩产量约3 800千克。

图2-2 浙茄1号品种

（三）浙茄3号（图2-3）

早熟茄子一代杂种，生长势旺，株高100厘米左右，开展度50厘米×56厘米。定植后63天始收，第9~10叶出现门茄花。花单生、紫色，花苞较粗大，花柄、花萼紫色。结果性良好，平均单株坐果25个。果实长且粗细均匀，果长30~35厘米，横径2.7~2.9厘米，单果质量130克左右，畸形果少，商品果率达90%左右。果皮紫红色，光泽度好。皮薄，肉色白，品质糯嫩，不易老化，商品性好抗黄萎病、中抗青枯病，适合保护地和露地栽培。

图2-3 浙茄3号品种

（四）杭丰1号（图2-4）

极早熟，耐寒性强，丰产、抗病、优质，适宜春季促早栽培及秋季栽培。株高70厘米左右，开展度80厘米×70厘米，第一花序着生在第10节上，果长30~40厘米，横径2.2厘米左右，表皮红紫色且有光泽，皮薄而肉质柔嫩，果色紫红油亮，果形直而不弯，整齐美观，尾部细，坐果多；果肉白，细嫩味甘，纤维少，适口性好。

图2-4 杭丰1号品种

（五）丰田2号（图2-5）

属中早熟杂交一代品种。生长势旺，植株紧凑，始花节位在第7~8节，株高75厘米左右，最大叶22厘米×13厘米，果长35厘米以上，果径2.8厘米左右，单果重约95克。果形长直，果皮紫红亮丽，色泽光亮，果肉致密洁白，皮薄味糯，口感好，商品率高。长势较强，结果性好。适宜于浙江省保护地栽培及山地露地栽培等各种栽培模式。

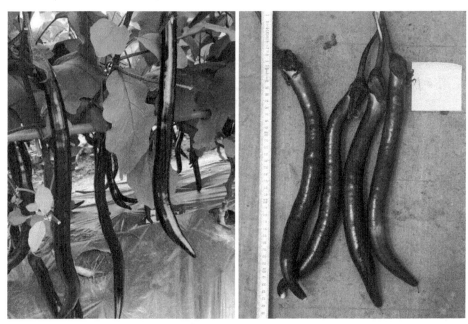

图2-5　丰田2号品种

三、栽培技术

（一）地块选择

选择海拔500~1200米，土壤肥沃、土质疏松深厚、富含有机质、pH值6.8~7.3，排灌方便的沙质壤土。台地或东坡、东南坡、南坡为宜，要求2~3年内未种植过茄果类作物的水田或旱地。

（二）播种育苗

1.播种时间

越夏栽培茄子播种期宜选择在3月下旬至4月中旬。根据本地气候特点，海拔低的地块可适当早播，海拔高的地块应适当晚播。

2. 种子处理

播前精选种子，选晴天晒种5~6小时，后进行温水浸种或药液浸种。温水浸种是将干种子在55~60℃热水中浸泡15~20分钟，期间不断搅拌，自然冷却后再浸种3~4小时，期间淘洗数次；药液浸种是先用清水浸种3~5小时，然后用10%磷酸三钠溶液浸种20~30分钟，捞出用清水洗净。包衣种子不必进行消毒处理。将消毒后的种子捞出沥干，在28~30℃下催芽，当70%的种子露白时即可播种。也可不催芽，经消毒的种子捞起自然晾干后直接播种。

3. 育苗

提倡采用穴盘育苗。催芽种子采用50孔或72孔穴盘育苗；未催芽种子采用平盘播种，后分苗至50孔或72孔穴盘。

提倡使用商品育苗基质。自配基质将泥炭、蛭石、珍珠岩以3∶1∶1体积比混合，每立方米均匀掺入磨成粉状的复合肥（$N∶P_2O_5∶K_2O=15∶15∶15$）1千克。基质使用前洒水搅拌均匀，调节含水量至30%~35%。

将准备好的基质装盘、压穴后，每穴播种1粒已催芽的种子，浇透水一次，覆0.8~1.0厘米基质；未经浸种催芽的种子直接播种于装好基质的平盘中。播种后的育苗容器摆放在苗床内，再贴面覆盖透明地膜。

4. 苗期管理

出苗前，苗床温度白天以25~28℃为宜，夜间不低于20℃。出苗后，及时揭去薄膜，苗床温度白天20~25℃，夜间12~15℃。待幼苗第一片真叶露心后，可适当提高苗床温度至白天25~28℃，夜间18~20℃。在苗床温度许可的情况下，早揭晚盖不透光的覆盖物，延长光照时间。

浇水宜在晴天上午10时前后进行，不干不浇、浇要浇透，浇后及时通风降湿。育苗期间一般不需追肥，肥力不足的基质在后期可叶面喷施0.1%~0.15%三元复合肥（$N∶P_2O_5∶K_2O=15∶15∶15$）溶液，2小时后再喷清水1次。

定植前3~5天，适当通风降低棚内温、湿度，控制水分，进行炼苗；定植前1天，浇足水分，利于带基质移栽。

5. 壮苗标准

具有7~8片真叶，茎粗0.4~0.5厘米，高15~20厘米，苗龄30~40天，叶色浓绿，叶片肥厚，根系发达，无病虫危害。

6. 嫁接育苗

对于土传病害严重的地块宜采用嫁接育苗。

育苗基质可用配制好的营养土或育苗专用商品基质。砧木应选用高抗或免疫黄萎病、枯萎病、青枯病及根结线虫病的品种，如托鲁巴姆。托鲁巴姆播种应比接穗提早40~55天，播前采用500毫克/千克的赤霉素水溶液浸泡24小时，将种子均匀撒播在苗床基质上，每亩播种10克左右，然后用基质覆盖，一般7~10天出苗。当幼苗长至3~5片叶时，应及时移栽到穴盘中，以备嫁接使用。接穗播种方法与砧木播种方法相同。当砧木苗具6~8片真叶、茎粗0.4~0.5厘米，接穗苗具5~6片真叶、茎粗与砧木相当时即可嫁接。

茄子嫁接可采用劈接法、靠接法或斜切接法，最简单易行的方法为斜切接法。

斜切接法操作要点：用刀片在砧木2片真叶上方或距底部3~5厘米处斜切，斜面长1~1.5厘米，角度30°~40°，去掉顶端，用1.5厘米长的塑料管（塑料管中间应先割开，可以半包围状固定伤口）套住，然后后切接穗苗，保持接穗顶部2~3片真叶，削成与砧木相反的斜面，并去掉下端，最后与砧木贴合在一起，用塑料管固定。嫁接完毕后，把装好嫁接苗的穴盘逐一平整摆放在苗床上，并及时在苗床上搭建小拱棚，用塑料薄膜将四周封严。嫁接后24小时内必须进行遮阳，2~3天后只在中午光照较强时段遮盖（半遮阳），7~8天后取下遮阳物，全天见光。嫁接后3天内使拱棚温度白天达到28~30℃，夜间20~22℃，空气相对湿度控制在90%~95%；3天后可适当降低温度，白天控制在25~28℃，夜间15~20℃，相对湿度也可稍微降低，一般只在中午前后喷雾保湿即可；嫁接苗在3天以后要适当通小风（采取棚体侧通风），7天后加大通风量。嫁接苗成活后，应及时抹除砧木萌发的侧芽，待接口愈合牢固后去掉夹子或套管，以后转入正常管理。

（三）定植

1. 整地施基肥

定植前，深翻种植地块，耙细、整平后，筑成畦宽130~150厘米（连沟），畦高20~25厘米的垄畦。结合整地每亩施腐熟有机肥3 000千克，另加复合肥40千克或磷肥35~40千克、尿素10~15千克（或碳酸氢铵50~80千克）、硫酸钾15千克（或草木灰100千克）作底肥，可采用全层撒施或开畦沟深施，磷肥也可在定植时穴施。

2. 适时定植

5月中下旬至6月上旬选晴天进行，视秧苗大小带基质分批移栽。行株距（45~50）厘米×（60~70）厘米，每畦种2行，每亩栽1 800~2 200株。边栽边浇定根水，以提高成活率。采用嫁接苗移栽时，适当增加株距，每亩栽1 400~1 600株。

（四）田间管理

1. 中耕覆盖

定植后用5%~10%的农家有机液肥浇2次缓苗水，以促进稳苗扎根。茄子开花坐果期气温逐日升高且多雷暴雨，应及时进行2次中耕，深度为7~10厘米，并在封垄前用农作物秸秆或杂草覆盖畦面，以降低地温，防止雨水冲刷和土肥流失。

2. 水分管理

茄子叶面积大，水分蒸发多，开花坐果期和果实膨大期必须肥水齐攻，才能达到高产、优质。一般每次采收前2~3天浇水1次（可采用半沟水沟灌），以促进果实充分膨大，果皮有光泽。雨水过多时，要及时清沟排水，以降低田间湿度，减轻病害发生。

3. 合理追肥

为防止植株早衰，追肥应掌握"少施多次、前轻后重"的原则。一般从茄子开花结果到剪枝前应施追肥2次，时间为第3次采收后和剪枝前1周，以后每隔15天左右追肥1次，每次每亩施尿素10~12.5千克、三元复合肥5~7.5千克，整个生育期还应用0.3%~0.5%磷酸二氢钾溶液喷施4~5次。

4. 整枝修剪

（1）整枝摘叶。采用双干整枝，门茄坐稳后抹除下部腋芽，对茄开花后再分别将下部腋芽抹除，只保留两个向上的主枝。植株封垄后及时摘除枝干上的老叶、病叶和黄叶，第8~9个果坐住后及时摘心，同时清理枝叶，以利于通风透光，减轻病虫蔓延，集中养分，促进果实快着色、早成熟。

（2）剪枝处理。进入八面风果实生长中后期剪枝，并掌握在天气转入初伏期，即7月20日前后的1周以内，选择晴天10时前和16时后或阴天进行，在四门斗一、二级侧枝保留3~5厘米剪梢。用石蜡涂封剪口，同时清扫地面枝叶并集中烧毁。剪枝后即行半沟水灌溉，保持茄田湿润。

（3）剪后管理。经过修剪的植株，第2~3天腋芽萌发并开始生长，应及时用77%可杀得（氢氧化铜）可湿性粉剂1 500倍液喷雾2~3次，防治新梢叶面病害，同时注意防治蚜虫。因修剪刺激往往造成腋芽萌发过多，剪后5~7天当新梢长至10厘米左右时，应及时抹去多余的腋芽，各侧枝只保留1~2个新梢。以后即转入常规管理。

（五）病虫害防治

1. 主要病虫害

主要病害为猝倒病、立枯病、黄萎病、褐纹病、绵疫病、灰霉病、青枯病等；主要虫害为红蜘蛛、茶黄螨、蚜虫、蓟马、白粉虱等。

2.**防治原则**

坚持"预防为主，综合防治"的原则。推广应用农业防治、物理防治、生物防治，化学防治应选择高效低毒低残留农药。

3.**防治方法**

（1）农业防治。选用抗病品种，培育适龄壮苗，保持田间清洁，进行科学施肥。

（2）物理防治。选用银黑双色灰地膜，设置频振式杀虫灯、色板诱杀害虫。

（3）化学防治。使用农药应符合GB 4285、GB/T 8321的要求。严格控制农药的安全间隔期，选用的化学农药详见表2-1。

表2-1　茄子主要病虫害及防治农药

主要防治对象	农药名称	施用浓度（倍液）	施用方法	安全间隔期（天）	每季最多施用次数
蚜虫蓟马	20%啶虫脒可溶液剂、可溶粉剂	3 000	喷雾	8	3
	10%吡虫啉可湿性粉剂	2 000	喷雾	8	1
	10%溴氰虫酰胺乳油	2 000	喷雾	7	2
白粉虱	22.4%螺虫乙酯悬浮剂	1 500	喷雾	5	1
	22%氟啶虫胺腈悬浮剂	1 500	喷雾	5	2
	10%扑虱灵可溶液剂	1 000	喷雾	14	2
茶黄螨红蜘蛛	43%联苯肼柱费悬浮剂	3 000~5 000	喷雾	7	2
	11%乙螨唑悬浮剂	5 000~7 000	喷雾	7	2
立枯病猝倒病	30%多菌灵·福美双可湿性粉剂	600	发病初期用药，阴雨天可拌干细土土表撒施防治病害	8~10	2
	68%精甲霜灵·锰锌水分散粒剂	600~800		3	3
	64%恶霜·锰锌可湿性粉剂	500		3	3
	80%代森锰锌可湿性粉剂	600		15	2
绵疫病	250克/升嘧菌酯悬浮剂	2 000	喷雾	3	2
	60%唑醚·代森联悬浮剂	1 500	喷雾	7	2
灰霉病	42.4%唑醚·氟酰胺悬浮剂	3 500	喷雾	5~7	3~4
	22.5%啶氧菌脂悬浮剂	2 000	喷雾	7~10	2~3
	50%啶酰菌胺水分散粒剂	3 000	喷雾	7	2
青枯病	72%新植霉素乳油	4 000	发病初期灌根用药	7	3
	72%链霉素可湿性粉剂	4 000		7	3
	20%噻菌酮干悬浮剂	600		10	3~4
	3%中生霉素可湿性粉剂	700		5	3

（续表）

主要防治对象	农药名称	施用浓度（倍液）	施用方法	安全间隔期（天）	每季最多施用次数
枯萎病	46.1%氢氧化铜水分散粒剂	800	灌根，零星发病对水后浇根，每穴浇灌200毫升	5	3
	20%络铜·络锌水剂	500~600		7	2
	1%申嗪霉素悬浮剂	500~1 000		7	2
	80%多·福美双可湿性粉剂	800		7	2

（六）适时采收

茄子从开花到采收一般20~25天，实施剪枝后到采收25天。当萼片与果实相连部位的白色（茄眼睛）不明显，果实呈品种固有色泽，手感柔软有黏着感时为采收适期。采果宜选择在早晨进行，此时茄子最饱满，光泽最鲜艳。上市出运前应分级包装，实行优质优价。

第二节　四季豆

四季豆是菜豆的别名，又叫芸豆，芸扁豆、豆角等，为一年生草本植物，有喜温而不耐热的习性，在低海拔地区难以越夏。杭州西北部部分山区台地海拔在500米以上，利用丰富的山地资源和夏季垂直气候差异显著、积极发展山地四季豆生产，因其栽培适宜区少，季节差异等因素，常常出现商品紧缺现象，也因此受到消费者的喜爱。

一、生物学特性

（一）形态特征

四季豆根系较发达，但再生能力弱。苗期根的生长速度比地上部分快，成株的主根可深达地下80厘米，侧根到60~80厘米宽，主要吸收根分布在地表15~40厘米土层。

幼茎因品种不同而有差异，呈绿色、暗紫色和淡紫红色。成株的茎多为绿色，少数深紫红色。茎的生长习性有无限生长型和有限生长型两种类型。茎蔓生、半蔓生或矮生。

初生第1对真叶为对生单叶，近心脏形；第3片叶及以后的真叶为三出复叶，互生。小叶3，顶生小叶阔卵形或菱状卵形，长4~16厘米，宽3~11厘米，先端急尖，基部圆形或宽楔形，两面沿叶脉有疏柔毛，侧生小叶偏斜；托叶小，基部着生。总状花序，腋生，比叶短，花生于总花梗的顶端，小苞片斜卵形，较萼长；萼钟形，萼齿4，有疏短柔毛；花冠白色、黄色，后变淡紫红色，长1.5~2厘米。花梗自叶腋抽生，蝶形花。花冠白、黄、淡紫或紫等色。子房一室，内含多个胚珠。为典型的自花授粉植物。

荚果条形，略膨胀，长10~15厘米，宽约1厘米，无毛；豆荚背腹两边沿有缝线，先端有尖长的喙。形状有宽或窄扁条形和长短圆棍形，或中间型，荚直生或弯曲。荚果长10~20厘米，形状直或稍弯曲，横断面圆形或扁圆形，表皮密被绒毛；嫩荚呈深浅不一的绿、黄、紫红（或有斑纹）等颜色，成熟时黄白至黄褐色。随着豆荚的发育，其背、腹面缝线处的维管束逐渐发达，中、内果皮的厚壁组织层数逐渐增多，鲜食品质因而降低。故嫩荚采收要力求适时。荚果供食用；种子含油，入药，有清凉利尿、消肿之效。种子球形或矩圆形，白色、褐色、蓝黑或绛红色，光亮，有花斑，长约1.5厘米。着生在豆荚内靠近腹缝线的胎座上。种子数因品种和荚的着生为主而异。通常含种子4~8粒，种子肾形，有红、白、黄、黑及斑纹等颜色；千粒重200~700克。

（二）生长习性

四季豆喜温暖不耐霜冻。种子发芽的温度范围是20~30℃，低于10℃或高于40℃不能发芽。幼苗对温度的变化敏感，短期处于2~3℃低温开始失绿，0℃时受冻害。

四季豆为短日照植物，但不同品种对光周期的反应不同，可分为3类：一是光周期敏感型，二是光周期不敏感型，三是光周期中度敏感型。

四季豆根系发达，侧根多，较耐旱而不耐涝。种子发芽需要吸足水分，但水分过多，土壤缺氧，种子容易腐烂。植株生长期适宜的田间持水量为最大持水量的60%~70%，开花期对水分的要求严格，其适宜的空气相对湿度为65%~80%。

四季豆最适宜在土层深厚、松软、腐殖质多排水良好的土壤栽培。沙壤土、壤土和一般黏土都能生长，不宜在低湿地或重黏土中栽培。适宜的pH值为6~7，不宜过酸或过碱。四季豆对氮、钾吸收多，磷较少，还需要一定的钙肥。

二、品种选择

选用高产优质、长势较强、耐热抗病、结荚性好、商品性佳的品种为宜，一般选择种植红花青荚、红花白荚、浙芸3号、红毛四季豆等品种。

（一）红花青荚（图2-6）

早熟，适应性强。植株蔓生，叶片中等，主蔓结荚，节节有荚，花紫红色，每花序2.3荚，荚长16～22厘米，播种后50天采收，嫩荚美观顺直，近扁圆棍形，色嫩绿，无筋、无纤维，不鼓籽，肉厚，品质佳，商品性好。特耐寒、抗病，产量高，适宜春秋种植。

图2-6　红花青荚品种

（二）红花白荚（图2-7）

早中熟，丰产性好，抗逆性强，适应地区广泛，定植后40天采收嫩荚，可连续采收35天以上，植株蔓生，有少量侧枝，主侧蔓均能良好结荚，单株结荚35～40个。荚扁长，色泽嫩绿略白，肉厚，品质佳，商品性好。

图2-7　红花白荚品种

（三）浙芸3号（图2-8）

植株蔓生，生长势较强，平均单株分枝数1.9个左右；三出复叶长和宽分别为11厘米和13厘米左右；花紫红色，主蔓第6节左右着生第一花序；每花序结荚2~4荚，单株结荚35荚左右；豆荚较直，商品嫩荚浅绿色，荚长、宽、厚分别为18厘米、1.1厘米和0.8厘米左右，平均单荚重约11克。耐热性较强。种子褐色，平均单荚种子数约9粒，种子千粒重260克左右。

该品种在杭州山区进行设施两茬栽培，春播全生育期86天，单荚重11.7克，平均亩产1 118千克；秋播全生育期76天，单荚重13.6克，平均亩产1 790千克。栽培上要选择适宜地块，适期播种，加强田间管理，注重肥水管理和病虫防治。

图2-8　浙芸3号品种

（四）红毛四季豆（图2-9）

植株蔓生，蔓长218厘米，紫色曲茎，叶卵圆形，绿色，多花花序，初花节位12节，花浅紫色，每花序开花8~10朵，结荚5~7条，荚长中等，半圆棍形，荚绿色，上覆由荚缝向荚面渐淡的不规则紫斑纹，鲜荚长16厘米、宽1.5厘米，厚1厘米。早熟，鲜荚生育期80天，耐低温，抗病抗逆能力强。每亩用种量3千克，连沟1.3米起高畦，开沟施基肥，以有机肥为主，种双行，搭架引蔓，结荚后每亩施含硫三元复合肥15千克，采收期每隔7天施1

次速效肥，每次每亩施用5~8千克。在豆荚平直或略显种子时采收，花后10天左右。一般亩产2 400千克。

图 2-9　红毛四季豆品种

三、栽培技术

(一)土壤和播种期选择

1. 土壤选择

一般宜在山地的东坡、南坡、东南坡朝向的地块种植较好，要求土层深厚、有机质丰富、排灌良好的疏松沙质壤土或壤土，提倡轮作。

2. 播种时间

播种时间安排在4月中旬至7月上旬为宜，500米以下海拔地区避免在6月份播种。

(二)整地施肥

早翻、深翻土地，起1.3~1.4米宽畦(连沟)，沟深15~20厘米。施足基肥，每亩施腐熟有机肥2 000~2 500千克、高钾三元复合肥20千克、钙镁磷肥30千克、硼砂1千克，畦中开沟条施，然后覆土，再在畦面上每亩施生石灰50千克，与表土拌匀，整平畦面呈弓背形，以中和土壤酸性，增加钙素含量，减轻病虫害。

(三)适期播种

一般500米以下山区，春季4月中旬至5月上旬播种，秋季7月下旬至8月上旬播种；500~700米山区宜在5月中下旬至7月上旬播种；700米以上5

月中下旬至6月中下旬播种。播前精选种子，并在太阳下晒1~2天，以杀死种子表面的部分病菌，每亩用种量2千克，每畦2行，行距65~70厘米，穴距25~30厘米，每穴播3粒种子。播种后采取浇水抗旱及盖草等方法保证出苗，全苗及壮苗，保证四季豆能够高产。

（四）田间管理

1. 查苗追肥

从播种到露出真叶，需要7~10天，期间要及时查苗和补苗并且做好间苗，一般每穴留健苗2株。选择在晴天傍晚或阴天补苗移栽，选用无病害或胚轴粗壮的苗带土移栽，及时对移栽后的苗浇水，有利于新苗成活。

2. 中耕除草与培土

播后10天左右，苗齐时，浅中耕除草，植株基部的杂草用手拨除，不要损伤植株根系；爬蔓搭架前，进行第二次中耕除草，并清沟培土于植株茎基部，以促发不定根。为降低土壤温度和水分蒸发量，可在畦面铺杂草或稻草。

3. 搭架引蔓

在抽蔓约10厘米时选用长2.5米左右竹竿或树枝，及时搭成人字架，架竿应插在离植株根部10~15厘米处，稍向畦内倾斜，在架材中上部约2/3交叉处横绑一根，使支架更为坚固。在晴天下午，人工按逆时针方向引蔓上架。生长期间要及时摘除植株中下部的老叶、黄叶、病叶，以利植株通风透光，防止落花落荚。

4. 摘叶与打顶

当四季豆蔓长到2~3米时，可主蔓打顶来促进早发侧枝生长及开花结荚。为减轻病虫灾害和提高通风透光，应及时摘除老叶和病叶并集中深埋或烧毁。

5. 肥水管理

在施足基肥的基础上，追肥要花前少施、花后适施、结荚期重施，适施氮肥、多施磷钾肥。生长前期浇施10%腐熟人粪尿或0.3%~0.5%尿素、钙镁磷肥稀释液2次；抽蔓初期搭架前结合中耕、培土、锄草再用同量肥料追施1次；结荚后施入高钾型三元复合肥15千克；采收期每隔7天施1次速效肥，复合肥和尿素交替施用，每亩用量5~7.5千克；叶面喷施0.3%磷酸二氢钾液或微肥等2~3次。

在水分管理方面，畦面保持湿润，防止高温干旱危害影响株苗生长。在开花结荚期增大水量，提高结荚率及产品质量。阴雨天或暴雨天后应及时开沟排水，防止出现旱涝，从而造成四季豆根系不良，严重会导致死亡。

6. 植株调整

四季豆属于喜光作物，应及时摘除黄叶、病叶及老叶，防止落花落荚，保证植株通风透光，实现提高产量目的。植株生长到架顶及时摘除主蔓生长点，有利于促进中上部的侧芽迅速成长和下部豆荚成熟，提高产量。

7. 棚温管理

春季早期、秋季后期遇低温密闭大棚，保持夜间棚内温度不低于10℃，夏季及时开边膜通风，保持棚内温度不高于28℃。进入开花结荚期通常白天温度以25~28℃，夜间以15~20℃为宜，相对湿度为80％。

（五）病虫害防治

四季豆病害主要有炭疽病、锈病、根腐病、蚜虫、豆荚螟等，要坚持"预防为主，综合防治"的原则，优先选用防虫网、性诱剂等生物物理防治技术。

病虫发生初期选用低毒高效化学农药防治，炭疽病可选用45％咪鲜胺水乳剂3 000倍液，或70％代森联干悬浮剂800~1 200倍液喷雾防治；锈病可喷施15％三唑酮可湿性粉剂1 500倍液，或65％代森锌可湿性粉剂500~700倍液防治，并注意及时清洁菜园；根腐病可用50％多菌灵可湿性粉剂800倍液加10％三唑酮乳油1 500倍液喷雾防治。

蚜虫可选用10％吡虫啉可湿性粉剂2 000倍液喷雾防治；豆荚螟可用5％氟虫苯甲酰胺悬浮剂1 500倍液喷雾防治，做到治花不治荚，花蕾和落地花并治，同时注意农药安全间隔期。

（六）适时采收

作为嫩荚食用的四季豆，一般花后10天左右采收，每天或隔天采收1次，以傍晚采收为好，既可保证豆荚鲜嫩，粗纤维少，豆荚品质及商品性，又可减少植株养分消耗过多而引起落花落荚，从而提高坐荚和商品率。同时做好分级包装，以提高其商品性和经济效益。一般每亩产量可达2 000~2 500千克。在败蓬后要及时清园，清除枯蔓落叶，集中烧毁，减少虫源。

第三节　小辣椒

从20世纪80年代初开始，凭借山区独特的气候条件和蔬菜大流通格局的日趋成熟，小辣椒也得到了大力的发展。

一、生物学特性

（一）形态特征

辣椒为茄科辣椒属一年生或有限多年生植物；通常株高40~80厘米。茎近无毛或微生柔毛，分枝稍之字形折曲。叶互生，枝顶端节不伸长而成双生或簇生状，矩圆状卵形、卵形或卵状披针形，长4~13厘米，宽1.5~4厘米，全缘，顶端短渐尖或急尖，基部狭楔形；叶柄长4~7厘米。花单生，俯垂；花萼杯状，不显著5齿；花冠白色，裂片卵形；花药灰紫色。果梗较粗壮，俯垂；果实长指状，顶端渐尖且常弯曲，未成熟时绿色，成熟后成红色、橙色或紫红色，味辣。种子扁肾形，长3~5毫米，淡黄色。

（二）生长习性

辣椒生育初为发芽期，催芽播种后一般5~8天出土，15天左右出现第一片真叶，到花蕾显露为幼苗期。第一花穗到门椒坐住为开花期。坐果后到拔秧为结果期。

辣椒属喜温性蔬菜，不耐严寒、不耐高温。辣椒适宜的温度在15~34℃。种子发芽适宜温度为25~30℃，发芽需要5~7天，低于15℃或高于35℃不利于正常发芽。

苗期要求温度较高，白天20~25℃，夜晚15~18℃最好，幼苗不耐低温，要注意防寒。开花结果期适宜温度为20~30℃，低于15℃，受精不良，引起落花；高于30℃，不利于开花结果。适宜的温差有利于果实的生长，果实发育期的适温为25~30℃。

辣椒对水分条件要求严格，它既不耐旱也不耐涝，属半干旱性蔬菜，在中等空气湿度下生长较好。

二、品种选择

选择符合目标市场需求、植株生长势强、优质、高产、适应性广、抗逆性强、商品性好的小尖椒品种，杭州地区栽培品种一般选杭椒1号、杭椒9

号、杭椒12号等。

（一）杭椒1号（图2-10）

植株直立，主茎第7~9节着生
第一朵雌花，果实羊角形，果顶渐
尖，果长10~12厘米，嫩椒深绿色，
微辣，胎座小，品质优，耐寒、耐
热性较强，适于保护地及露地栽培。
早熟，从定植到采收25~30天，可
连续采收90~150天。

（二）杭椒9号（图2-11）

熟性早，节间短，株型紧凑，分
枝性强，花量大，结果性好。嫩果浅
绿，皮薄质嫩，几乎无辣味，老椒
红艳，平均纵径17厘米，横经1.8厘
米，果实近圆柱形，上下一致，光
滑顺直，果色亮丽，畸形果少，商

图2-10　杭椒1号品种

品性好，产量高，综合抗性强，耐热性较好，适合春秋两季保护地栽培，秋
季栽培优势明显，也适合高山越夏栽培。采收小椒商品性好，辣味淡，货架
期长；在市场价格低迷情况下也可以采收红椒，颜色红艳亮丽，商品性好。

图2-11　杭椒9号品种

（三）杭椒12号（图2-12）

早熟，始花节位8~9节，果实生长快，条形好、上下基本一致，商品性佳。株高70厘米，开展度80厘米，果实细长，最大果纵径19厘米，横径2厘米，单果重26克，适合采收小椒和中椒，颜色淡绿色，辣味中等，皮薄肉嫩，品质优，抗病毒病能力强，前期产量高，总产量更高，比传统杭椒高15％左右，适宜露地栽培、高山越夏和保护地栽培。杭椒12号易感烟草花叶病毒，高抗黄瓜花叶病毒，中抗疫病，对炭疽病有较强抗性。

图2-12　杭椒12号品种

三、栽培技术

（一）地块选择

选择海拔500~1 200米的山地种植，土地要求土层深厚、肥沃、保水保肥性好、排灌方便、微酸性到中性的台地或东坡、东南坡、南坡。提倡避雨栽培，避免与茄科作物连作。

（二）播种及培育壮苗

1. 播种期

山地小辣椒一般在3月下旬至4月中旬播种，海拔低播种期适当提前，海拔高播种期相应延后。

2. 用种量

按每亩种植2 500~2 800株计算，每亩用种量约25克。

3. 种子消毒

有温水浸种和药剂浸种两种，也可两种方法结合使用。

（1）温水浸种。播前精选种子，选大晴天晒种5小时左右。温水浸种是将干种子在55~60℃热水中浸泡15~20分钟，期间不断搅拌，自然冷却后再浸种3~4小时，期间淘洗数次。

（2）药剂浸种。先用清水浸种3~5小时，然后用10％的磷酸三钠溶液浸种20~30分钟，捞出用清水洗净。该法对预防病毒病效果较好。包衣种子不必进行消毒处理。

4. 催芽

将消毒后的种子捞出洗净沥干，用干净布袋包好，置28~30℃恒温箱中催芽，当70％的种子露白时即可播种。也可不催芽，经消毒的种子捞起自然晾干后直接播种。

5. 育苗

提倡基质穴盘育苗。

（1）育苗基质。提倡使用商品育苗基质。自配基质将泥炭、蛭石、珍珠岩等以3：1：1体积比混合，每立方米均匀掺入磨成粉状的复合肥（ N ： P_2O_5 ： K_2O=15：15：15 ）1千克。基质使用前洒水搅拌均匀，调节含水量至30％~35％待用。

（2）穴盘育苗。经浸种催芽的种子采用50或72孔规格穴盘育苗。将处理好的基质装盘、刮除穴盘表面多余的基质，使各个穴孔格室清晰可见，后用压穴器进行压穴，或将装满基质的穴盘5~6盘摆放在一起，轻轻按压，使每个穴孔压出一个深0.5厘米左右的播种穴，每穴播1粒露白种子，后再覆0.8~1厘米厚基质。播种后的育苗容器摆放在苗床内，再贴面覆盖透明地膜保温保湿。

（3）平盘育苗和分苗。未经浸种催芽的种子直接播种于装好基质的平盘中，当长至二叶一心时分苗至50孔或72孔规格穴盘，注意剔除病苗、弱苗、畸形苗等。分苗宜在晴天或阴天进行。

6. 苗期管理

（1）温光管理。出苗前苗床温度白天25~28℃，夜间18~20℃；出苗后，苗床温度白天20~25℃，夜间12~15℃。待幼苗第一片真叶露心后，可适当提高苗床温度至白天25~28℃，夜间18~20℃。在苗床温度许可的情况下，早揭晚盖不透光的覆盖物，延长光照时间。

（2）肥水管理。浇水宜在晴天上午10时前后进行，不干不浇、浇要浇透，浇后及时通风降湿。育苗期间一般不需追肥，肥力不足的基质在后期可页面喷施0.1%~0.15%三元复合肥（N∶P$_2$O$_5$∶K$_2$O=15∶15∶15）溶液，2小时后再喷清水1次。

（3）病虫害防治。苗期主要病害有猝倒病、立枯病、灰霉病等；主要虫害有蚜虫、烟粉虱、地下害虫（小地老虎、蝼蛄、蛴螬）等。应及时防治。

（4）炼苗。定植前5~7天炼苗，通风降低苗床温度，以白天15~20℃、夜间8~10℃为宜。

7. 壮苗指标

苗龄30~50天，子叶完整，5~8片真叶，茎粗0.3~0.5厘米，苗高15~20厘米，叶色浓绿，心叶鲜嫩，根系粗壮发达、紧紧将基质缠绕，无锈根，无黄叶，无病斑，无虫害。

（三）定植

1. 整地施基肥

定植前7~15天深翻地，结合整地每亩施腐熟有机肥2 500~3 000千克或商品有机肥500千克、配施硫酸钾型三元复合肥（N∶P$_2$O$_5$∶K$_2$O=15∶15∶15）30~50千克和钙镁磷肥30~50千克。精耕细耙，深沟高畦，畦宽连沟130~150厘米，沟宽30~50厘米、深25~30厘米，略呈龟背形，畦面铺设滴灌带，提倡双色地膜覆盖。

2. 定植方法

5月中下旬至6月上旬选晴朗天气进行，视秧苗大小带基质分批移栽。如晴天定植，应选择下午4时后进行。起苗前苗床浇足水，起苗时尽量多带土少伤根。露地栽培和地膜覆盖栽培每亩种植1 500~2 000株，避雨栽培每亩种植1 200~1 600株。定植时调节滴灌带位置，使滴灌带距离秧苗基部5~8厘米，定植后浇定根水。

（四）田间管理

1. 中耕除草与畦面覆盖

未采用地膜覆盖的，在雨后转晴及时浅中耕，结合除草进行培土；封行前，采用秸秆、枯草、树叶等覆盖畦面保墒。

2. 搭架整枝

适时搭80厘米高的短支架，以固定植株。及时整枝打杈，摘除枯老病叶，第一分叉以下的侧枝可全部摘除，或保留靠近分叉节位的1~2个侧枝，以利通风、透光。

3. 肥水管理

提倡采用微灌设施实施肥水同灌。生长前期追施0.3%~0.5%尿素稀释液；坐果后分期每亩追施硫酸钾型复合肥（N：P_2O_5：K_2O=15：15：15）25千克、尿素15千克。始收后7天视生长情况，及时追施硫酸钾型复合肥（N：P_2O_5：K_2O=15：15：15）和叶面喷施0.3%磷酸二氢钾液。一般采摘期每采收2次施1次高钾肥，叶面喷施0.3%磷酸二氢钾液或爱多收微肥等2~3次。

4. 畦面铺草

定植活棵后及时做好畦面铺草工作。畦面铺草有利于土壤保湿、降低地温、减少杂草为害、提高商品性等。从多年的生产实践看，畦面铺草是一项稳产降本的有效管理措施。

（五）病虫害防治

1. 主要病虫害

小辣椒主要病害有菌核病、疫病、茎基腐病、青枯病、病毒病等，主要虫害有蚜虫、烟粉虱、蓟马、茶黄螨、烟青虫、地下害虫（小地老虎、蝼蛄、蛴螬）等。

2. 防治原则

遵循"预防为主，综合防治"的植保方针，优先采用农业防治、物理防治、生物防治等技术，合理使用高效低毒低残留的化学农药，将有害生物危害控制在经济允许阈值内。

3. 防治方法

（1）农业防治。选用抗（耐）病优良品种和无病种苗。及时清理前茬、本茬残枝败叶、病株和杂草等，保持田间清洁。深翻晒垡，深沟高畦，严防积水。合理密植，科学排灌、施肥。避雨栽培宜采用地膜、滴灌、无滴消雾膜降低棚内湿度。

（2）物理防治。利用晒种、温汤浸种等处理种子，杀灭或减少种传病虫害。采用银灰色地膜趋避蚜虫。利用杀虫光、性诱剂、色板等诱杀害虫。

（3）生物防治。保护和利用天敌，控制病虫害的发生和危害。使用印楝素、乙蒜素等生物农药防病避虫。

（4）化学防治。选用已登记的农药或经农业推广部门试验后推荐的高效、低毒、低残留的农药品种，避免长期使用单一农药品种；优先使用植物源农药、矿物源农药及生物源农药。禁止使用高毒、高残留农药。主要病虫害及其防治方法见表2-2。

表2-2　小辣椒主要病虫害及其防治农药

主要防治对象	农药名称	施用浓度（倍液）	施用方法	安全间隔期（天）	每季最多施用次数
猝倒病立枯病	30%多菌灵·福美双可湿性粉剂	600	苗床发病初期用药，阴雨天可拌干稀土撒施土表防病	10	2
	68%精甲霜灵·锰锌水分散颗粒剂	800		5	4
灰霉病菌核病	50%啶酰菌胺水分散颗粒剂	2 000	在病害发生初期施用，注意轮换用药	7	3
	42.4%唑醚·氟酰胺胶悬剂	3 500		5	3
疫病	60%唑醚·代森联水分散颗粒剂	1 500	发生初期用药	7	2
	23.4%双炔酰菌胺胶悬剂	1 500		3	4
茎基腐病	50%多菌灵可湿性粉剂	800	发病初期灌根用药	10	2
青枯病	3%中生菌素可湿性粉剂	700	发病初期灌根用药	5	3
	20%噻菌铜胶悬剂	600		10	3
病毒病	20%吗啉胍·乙铜可湿性粉剂	800	定植后或发病初期喷雾防治	7	4
	0.5%香菇多糖水剂	600	发病初期用药，可结合喷施叶面肥	7	3
蚜虫	3%啶虫脒微乳剂	1 000	初发时用药	8	2
	0.5%藜芦碱可溶性液剂	500		7	2
烟粉虱	22%螺虫·噻虫啉胶悬剂	1 500	初发时用药，交替施用	5	2
	200克/升吡虫啉可溶性液剂	3 000		3	2
蓟马	60克/升乙基多杀菌素胶悬剂	2 000	初发时用药，防治时需喷施作物以外的地面、棚架等	5	3
	10%溴氰虫酰胺油悬浮剂	2 000		7	2
茶黄螨	43%联苯肼酯胶悬剂	4 000	各生长期均可施用	7	2
	240克/升虫螨腈胶悬剂	1 500	初发时用药	7	2
烟青虫	5%氯虫苯甲酰胺胶悬剂	1 500	初发时用药	5	2
地下害虫	1%联苯·噻虫胺颗粒剂	4千克	拌土行侧开沟撒施，后覆土	7	1

（六）适时采收

7月上旬至10月下旬根据市场销售情况，及时采摘长7~10厘米的商品椒，宜在早晨采收。开始采收后应做到天天或隔天采收，以防果实过大。采摘要严格掌握质量，及时摘除病果和畸形果。

第四节　瓠　瓜

瓠瓜，为葫芦科葫芦属一年生蔓性草本。中国自古就有栽培，嫩果可供食用，老后不能食用，是民间夏令常吃的佳肴。相对其他果蔬，营养价值较低。其食用部分为嫩果。其幼嫩的果皮及胎座柔嫩多汁，稍有甜味，去皮后全可食用；可炒食或煨汤。

一、生物学特性

（一）形态特征

瓠瓜，别名葫芦、蒲瓜、夜开花等，葫芦科瓠瓜属的一个栽培种，一年生攀援草本，根系发达，水平分布，耐旱力中等。茎为蔓性，长可达3～4米，绿色，密被茸毛，分枝性强。单叶，互生，叶片呈心脏或近圆形，浅裂，上面有茸毛。雌雄异花同株，花单生，白色，多在夜间以及阳光微弱的傍晚或清晨开放，故有别名"夜开花"。雄花多生在主蔓的中、下部，雌花则多生在主蔓的上部。侧蔓从第1～2节起就可着生雌花，故以侧蔓结果为主。瓠果，短圆柱、长圆柱或葫芦形，嫩果具有绿、淡绿斑纹，被茸毛。果肉白色，成熟时果肉变干，茸毛脱落，果皮坚硬，黄褐色。

（二）生长习性

瓠瓜为喜温植物。生长适温20～25℃。栽培时一般先育苗、然后定植到露地。不耐涝、旱，在多雨地区要注意排水，干旱时要及时灌溉。瓠瓜喜温但不耐低温，种子在15℃开始发芽，30～35℃发芽最快，生长和结果期的适温为20～25℃，15℃以下生长缓慢，10℃停止生长，5℃以下受害。能适应较高温度，在35℃左右仍能正常生长，也可以坐果，果实发育良好。

瓠瓜属于短日照植物，短日照有利于雌花形成，低温短日的促雌效果更好。开花对光照强度要求敏感，多在弱光的傍晚开花。瓠瓜在结果期对光照条件要求高，阳光充足情况下病害少，生长和结果良好且产量高。

瓠瓜对水分要求严格，不耐旱又不耐涝。结果期间要求较高的空气湿度。瓠瓜不耐瘠薄，以富含腐殖质的保水保肥力强的土壤为宜。所需养分以氮素为主，配合适量的磷钾肥施用，这样才能提高产量和品质。

瓠瓜幼苗期以前根系生长比茎叶生长快，当第5～6真叶开展后，茎叶生长加快。以后随着茎蔓生长，各个茎节的腋芽陆续活动，如任意生长，茎蔓不断伸长的同时，可发生许多子蔓，又随着子蔓的伸长，发生许多孙蔓等。

环境条件适宜，可发生多级侧蔓，形成繁茂的蔓叶系统。

主蔓一般在第5~6节开始发生雄花，以后各节都发生雄花。而子蔓在第1~3节开始发生雌花。孙蔓发生雌花的节位更早，一般在第1节便发生，以后间隔数节发生1个雌花，偶有连续2~3节发生雌花或同节发生1对雌花。生长后期会发生两性花，但坐果率低。瓠瓜在开花授粉后7~15天即可采收。

二、品种选择

选择综合农艺性状好、抗逆性强、商品性佳、优质、丰产的优良品种，如浙蒲6号、越蒲1号、浙蒲8号、浙蒲9号、改良杭州长瓜等。

（一）浙蒲6号（图2-13）

早熟，对低温弱光和盐碱耐受能力强，特适宜于保护地早熟栽培。分枝性强，叶绿色，侧蔓第1节即可发生雌花，雌花开花至商品成熟约8~12天。坐果性好，平均单株结瓜6~7条；瓜条长棒形、上下端粗细均匀，商品瓜长35~40厘米，横径约5厘米，瓜皮绿色亮丽，密生白色短茸毛，单瓜重约450克。肉质致密，氨基酸含量高，口味佳。前期产量极高，商品性好。抗病毒病和白粉病能力较强。适宜于保护地早熟栽培、露地栽培和高山栽培。

图2-13 浙蒲6号品种

浙蒲6号近年来在杭州山区种植表现早熟性突出，耐低温、弱光照能力强，坐果率高，嫩瓜上下端粗细较均匀，为山地设施早熟栽培的首选品种。

（二）越蒲1号（图2-14）

早熟，植株长势旺盛，侧蔓第2~3节发生雌花，秋季雌花发生节位略高，从授粉到商品瓜采收12~14天。瓜条短棒形，粗细比较均匀，脐部较平，果肩微凸，瓜长25~35厘米，直径5~7厘米，皮色淡绿，茸毛较密，单瓜重350~500克，肉质糯、味微甜，适应性较广。

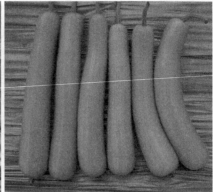

图 2-14　越蒲 1 号品种

（三）浙蒲 8 号（图 2-15）

熟性较早，对高温和盐碱耐受能力强，以侧蔓结瓜为主，侧蔓第 1 节即可发生雌花；生长势较强，叶片绿色；商品瓜绿色，光泽度好，表面密生白色短茸毛，瓜条中棒形，长短较一致，且上下粗细较均匀；商品瓜平均长度30~35厘米，中部横径约4.6厘米，单瓜平均重444.7克；坐果性好，品质佳，氨基酸含量高；高抗枯萎病、中抗病毒病和白粉病；适应性广，适宜于露地栽培、高山栽培和设施秋季栽培。

图 2-15　浙蒲 8 号品种

（四）浙蒲 9 号（图 2-16）

早中熟，生长势强，耐热性好；以侧蔓结瓜为主，连续坐果能力强，丰产性好。商品瓜皮色油绿，瓜条短棒形，长约25厘米、横径6~7厘米，上下粗细较一致，单瓜重约450克；采收弹性大、

图 2-16　浙蒲 9 号品种

耐储运性好；鲜味浓，鲜味相关氨基酸（游离谷氨酸）含量高，品质佳。抗枯萎病，适应性广。

（五）改良杭州长瓜（图2-17）

早熟，耐低温弱光能力强，长势中等，叶绿色，主蔓着生雌花较晚，但侧蔓第1~2节即可发生雌花。瓜条长棒形，上下端粗细均匀，商品瓜长45~60厘米，横径约5厘米，表面密生白色短茸毛，单瓜重300~600克，果皮淡绿色，品质好，肉质致密，商品性佳，前期产量高，适宜于保护地早熟栽培、露地栽培或高山栽培。

图2-17 改良杭州长瓜品种

三、栽培技术

（一）地块选择

选择地势高燥、排灌方便、土层深厚、疏松肥沃、保水保肥性好，近2~3年未种过葫芦科作物，或经水旱轮作、短期休耕的田块。

（二）播种育苗

1. 播种

山地瓠瓜应选择在4月下旬至6月中下旬播种育苗，一般采用露地立架栽培方式。

2. 营养土或基质配制

育苗营养土配比：稻田表土或田园土（3年内未种过葫芦科作物）60%~70%、腐熟有机肥20%~30%、砻糠灰10%、复合肥0.1%。要求用有益微生物菌剂水剂1 500倍（或百菌清、多菌灵等消毒）浇湿营养土，加盖透明塑料薄膜堆制30天以上。也可采用专用育苗基质，或应地制宜自行配制育苗基质。要求营养土或基质孔隙度约60%（手捏成团，一丢即散），pH值6.5~7.0，疏松、保肥、保水、营养全面，无病菌、虫卵、杂草种子等。将配制好的营养土置于直径8~10厘米的营养钵或育苗盘。

3. 播前种子处理

选用经高温消毒处理的种子，播前精选种子，并晒种1~2天。立架栽培每亩大田用种量150~200克。

方法一：温汤浸种（防蔓枯病和枯萎病），即将种子置于55~60℃温水中浸泡15~30分钟，自然冷却后继续浸种4~6小时后捞出洗净，用干净湿纱布或棉质毛巾包好置于28℃恒温箱中催芽，至50%种子露白时播种。

方法二：用0.1%高猛酸钾溶液浸种30分钟或10%磷酸三钠溶液浸种20分钟，清水洗净后，再浸种4~6小时。

4. 苗床准备

播种前先准备好苗床。夏秋季应选配有防虫网和遮阳网的保护地设施。苗床底部用50%辛硫磷乳油600~800倍液喷杀地下害虫；用75%百菌清可湿性粉剂或50%多菌灵可湿性粉剂1 000倍液喷杀病菌；后盖一层农膜密封消毒。营养土表层和盖土用50%多菌灵可湿性粉剂或70%甲基硫菌灵可湿性粉剂灭菌处理，每平方米苗床用药8克。育苗用营养钵或穴盘可用0.1%高锰酸钾喷淋或浸泡消毒。

5. 播种

先将露白的瓠瓜种子撒播于浇足底水的育苗盘或育苗床中（出土后假植），或直播于营养钵中（每钵1~2粒），播后覆盖营养土1厘米左右；约5~6天后将露白瓠瓜种子密撒播于浇足底水的育苗盘或育苗床中。土上再盖上新的白地膜，按苗床宽度搭建小拱棚，高度一般50厘米，根据气温决定小拱棚覆盖物（夏秋季播后覆土上面除覆盖少量稻草或草帘要再增盖遮阳网以利于降温保湿）。苗棚宜采用全棚地膜覆盖，以降低棚内空气相对湿度。

6. 假植

假植应选晴天进行。幼苗子叶开始平展应马上移入营养钵或穴盘。假植后浇足水分，并立即置于搭好的小拱棚中保温保湿（夏秋季需加盖遮阳网降温保湿）3~5天，白天气温控制在20~28℃，夜间保持15~20℃，同时注意增加光照时间、调节湿度，避免因温度过高促进根系早发。

7. 苗床管理

播种后的苗床温度控制在25~30℃。幼苗顶土后立即除去覆盖土面上薄膜、稻草等覆盖物；50%~70%出苗时白天应撤除所有覆盖物以增加光照时间。幼苗出土后，对于子叶未能脱离种壳的苗（带帽），于清晨需及时人工辅助脱壳，以免影响幼苗生长。

苗期适宜温度见表2-3。育苗期间温度较低时应加盖薄膜、草帘等材料保温，遇冷空气气温低于5℃时，需采用电热加温线等增温措施；夏季中午温度偏高时应加盖遮阳网等材料降温。棚内相对湿度宜保持在70％~80％，注意加强通风换气。

表2-3 瓠瓜苗期生长适宜温度

时期	日温(℃)	夜温(℃)
播种至齐苗	25~30	18~20(出苗后)
齐苗至第一真叶展开	22~25	14~15
第一真叶展开至三叶一心	25~28	15~17
定植前7天	22~25	14~15

苗期适当控制浇水，不干不浇、浇要浇透，浇水春季应选择在晴天上午10时后(夏秋季应选择早晨和傍晚)进行，土壤有效含水量宜保持在60％~70％。根据实际情况后期结合浇水施肥，每50千克水加尿素80克、复合肥80克。注意防治猝倒病和蚜虫(夏秋季)等。

8. 壮苗指标

冬季壮苗：秧苗三叶一心，子叶完整，株高15~20厘米，茎粗0.5厘米以上，无病虫害；夏秋季壮苗：一叶一心，子叶完整，株高10~12厘米，茎粗0.5厘米左右，无病虫害。冬春季苗龄25~35天；夏秋季苗龄12~15天。

(三) 定植

1. 整地作畦

定植前15~20天耕翻土壤，深度20~25厘米。露地立架栽培，畦宽140厘米，沟宽40厘米，沟深20~25厘米。定植穴附近铺设滴管带，畦面铺地膜。

2. 定植

夏季宜阴天或晴天傍晚定植，幼苗一叶一心或二叶一心时，于5月上中旬至7月上旬定植，立架栽培在1.4米宽的畦上种2行，株距40~60厘米，每亩栽1 100~1 600株。秧苗带土带药，栽后浇定根水，夏季中午可覆盖遮阳网适当降温保湿，定植后建议浇生根水促进缓苗生根。

(四) 田间管理

1. 温光管理

缓苗前白天的适宜温度为28~30℃，夜间25~28℃左右。缓苗后白天温度控制在25~28℃，夜温不低于20℃，适当通风增加光照，控温降湿防徒长。通过覆盖薄膜或其他保护设施、通风等方法进行温度管理。瓠瓜不同生长期生长适宜温度指标见表2-4。

表2-4 瓠瓜不同生长期生长适宜温度

生长期	白天(℃)	夜间(℃)
发芽期	25~30	25~30
苗期	22~30	14~20
缓苗期	28~30	25~28
营养生长期	25~28	20~22
开花结果期	27~30	19~20

2. 搭架

在植株伸蔓前搭"人"字形架。保护地搭架架高1.5~2.0米，露地搭架架高2.0~2.5米。

3. 整枝摘叶

生长前期原则上摘心不摘叶；中期，摘病叶不摘功能叶；后期，重点摘老叶、黄叶、病叶、去除弱小枝蔓。

瓠瓜经乙烯利处理后，前期以主蔓结瓜为主，侧蔓发生量明显减少，应及时去除基部侧枝，7~8节以上侧蔓留1~2叶打顶，主蔓长至架顶时打顶，同时分层绑蔓。未经乙烯利处理的植株一般也采用单蔓整枝，整枝方法同上。夏秋季栽培也可采用双蔓整枝，即当主蔓5~6叶时可摘心，留主蔓上部2个健壮的一级侧蔓，并将基部二级侧蔓及时摘去，7~8节以上每根二级侧蔓留1~2叶摘心，同时分层绑蔓。当根瓜采收后，可将基部的老叶、黄叶、不结瓜的无效侧枝及时剪去。

4. 疏花疏果

瓠瓜发生侧蔓多，侧蔓上雌花、雄花着生也较多，易造成养分消耗以及病虫害的传播。一般单株雌、雄花各保持3~5朵正常花即可。一般单株同时结果2~4个较为合理，多余的幼果应在手指粗时及时疏去，防止养分流失，减少畸形果发生率。

5. 水肥管理

定植时浇足底水，生长期适时补水，多雨季节应注意排水。开花坐果后15~20天薄水勤灌，适当增加灌水量。中后期必须加强肥水管理，视长势进行追肥。瓠瓜夏秋季栽培时生长期短，结果期集中，对肥水要求较高，施肥应掌握重前期、促中期、保后期的方法，具体视植株生长情况施肥。

（五）病虫害防治

1. 主要病虫害

危害瓠瓜的主要病害有白粉病、病毒病、枯萎病、疫病、炭疽病和蔓枯病等；危害瓠瓜的主要虫害有蚜虫、烟粉虱、瓜绢螟和斜纹夜蛾等。

2. 防治原则

遵循"预防为主，综合防治"的植保方针，优先采用农业防治、物理防治、生物防治等技术，合理使用高效低毒低残留的化学农药，将有害生物危害控制在经济允许阈值内。

3. 防治方法

（1）农业防治。选用抗（耐）病优良品种和无病种苗。及时清理前茬、本茬残枝败叶、病株和杂草等，保持田间清洁。深翻晒垡，深沟高畦，严防积水。合理密植，科学排灌、施肥。宜通过采用地膜、滴灌、无滴消雾膜加强降低大棚内湿度。

（2）物理防治。采用银灰色防虫网避虫，利用灯光、色板等诱杀害虫，采用人工捕杀害虫，以达到减少农药用量和用药次数。对于土壤传播病害的防治，可利用夏季高温闷棚15~20天消毒。利用晒种、温汤浸种等处理种子，杀灭或减少种传病虫害。

（3）化学防治。农药使用按GB/T 4285和NY/T 1276的规定执行。选用已登记的农药或经农业推广部门试验后推荐的高效、低毒、低残留的农药品种，避免长期使用单一农药品种；优先使用植物源农药、矿物源农药及生物源农药。禁止使用高毒、高残留农药。主要病虫害防治见表2-5。

表2-5 瓠瓜主要病虫害及其防治农药

主要防治对象	农药名称	施用浓度（倍液）	施用方法
蚜虫	10%吡虫啉可湿性粉剂	2 000~3 000	喷雾
	21%噻虫嗪水分散性粒剂	3 000	喷雾
烟粉虱	20%啶虫脒可溶性浓剂	2 000	喷雾
	10%扑虱灵可溶性浓剂	1 000	喷雾
斜纹夜蛾	5%氯虫苯甲酰胺悬浮剂	1 500	喷雾
	10%溴氰虫酰胺悬浮剂	2 000	喷雾
瓜绢螟	20%虫酰肼悬浮剂	1 000~2 000	喷雾
	5%甲氨基阿维菌素乳油	2 000	喷雾
	2%阿维菌素	1 000	喷雾

（续表）

主要防治对象	农药名称	施用浓度（倍液）	施用方法
病毒病	20%病毒A（盐酸吗啉胍·乙酸铜）可湿性粉剂	500	喷雾
	2%氨基寡糖素水剂	600	喷雾
	0.5%香菇多糖水剂	600	喷雾
白粉病	15%三唑酮可湿性粉剂	1 500	喷雾
	43%戊唑醇悬浮剂	8 000	喷雾
	25%乙嘧酚磺酸酯悬浮剂	750	喷雾
	43%氟吡菌酰胺·肟菌酯悬浮剂	1 500	喷雾
	42%苯菌酮悬浮剂	1 500	喷雾
枯萎病	40%抗枯宁（络氨铜）水剂	400~600	灌根
	46%氢氧化铜（注意药害）水分散粒剂	1 000	灌根
	10亿单位多粘类芽孢杆菌可湿粉剂	200	灌根
疫病	72%杜邦克露（霜脲氰·锰锌）可湿性粉剂	600~750	喷雾
	64%杀毒矾（噁霜灵·锰锌）可湿性粉剂	600~800	喷雾
	50%阿克白可湿性粉剂	1 500	喷雾
	10%氟噻唑吡乙酮油悬浮剂	3 000	喷雾
炭疽病、蔓枯病	70%甲基硫菌灵可湿性粉剂	1 000	喷雾
	80%代森锰锌可湿性粉剂	1 000	喷雾
	25%吡唑醚菌酯乳油	1 500	喷雾

（六）适时采收

瓠瓜坐果后7~15天即可采收上市，高温期授粉坐果7天左右可采收，分级、整理后上市。

第五节　黄　瓜

黄瓜是葫芦科甜瓜属一年生攀援性草本植物，其嫩果清脆可口，营养丰富，是我国栽培面积最大、种植范围最广的主要蔬菜作物之一。杭州临安、淳安等山区海拔在400米以上，利用山区昼夜温差大和不易受涝等自然资源优势，积极发展山地黄瓜生产，已形成一定的种植规模。

一、生物学特性

（一）形态特性

茎、枝伸长，有棱沟，被白色的糙硬毛。卷须细，不分歧，具白色柔毛。叶柄稍粗糙，有糙硬毛，长10~16厘米；叶片宽卵状心形，膜质，长、宽均7~20厘米，两面甚粗糙，被糙硬毛，3~5个角或浅裂，裂片三角形，有齿，有时边缘有缘毛，先端急尖或渐尖，基部弯缺半圆形，宽2~3厘米，深2~2.5厘米，有时基部向后靠合。雌雄同株。雄花常数朵在叶腋簇生；花梗纤细，长0.5~1.5厘米，被微柔毛；花萼筒狭钟状或近圆筒状，长8~10毫米，密被白色的长柔毛，花萼裂片钻形，开展，与花萼筒近等长；花冠黄白色，长约2厘米，花冠裂片长圆状披针形，且急尖；雄蕊3，花丝近无，花药长3~4毫米，药隔伸出，长约1毫米。雌花单生或稀簇生；花梗粗壮，被柔毛，长1~2厘米；子房纺锤形，粗糙，有小刺状突起。果实长圆形或圆柱形，长10~30厘米，熟时黄绿色，表面粗糙，有具刺尖的瘤状突起，极稀近于平滑。种子小，狭卵形，白色，无边缘，两端近急尖，长5~10毫米。花果期夏季。

（二）生长习性

1. 温度

黄瓜喜温暖，不耐寒冷。生育适温为10~32℃。一般白天25~32℃，夜间15~18℃生长最好；最适宜地温为20~25℃，最低为15℃左右。最适宜的昼夜温差10~15℃。黄瓜在35℃高温时光合作用不良，45℃出现高温障碍，低温-2~0℃冻死，如果低温炼苗可承受3℃的低温。

2. 光照

对日照的长短要求不严格，已成为日照中性植物，其光饱和点为5.5万勒克斯，光补偿点为1 500勒克斯，多数品种在8~11小时的短日照条件下，生长良好。

3. 水分

黄瓜产量高，需水量大。适宜土壤相对含水量为60%~90%，幼苗期水分不宜过多，土壤相对含水量60%~70%，结果期必须供给充足的水分，土壤相对含水量80%~90%。黄瓜适宜的空气相对湿度为70%~90%，空气相对湿度过大很容易发病，造成减产。

4. 土壤

黄瓜喜湿而不耐涝、喜肥而不耐肥，宜选择富含有机质的肥沃土壤。一般适宜pH值5.5~7.2的土壤，但以pH值为6.5最好。

二、品种选择

黄瓜山地越夏露地栽培应选用生长势强、耐热、抗病、优质高产的品种，如津优1号、津优40、中农8号、碧翠19等。

（一）津优1号（图2-18）

植株紧凑、长势强、叶深绿色，耐低温、弱光能力强，主蔓结瓜为主，第一雌花着生在第3~4节，瓜条顺直、长36厘米左右，单瓜重250克左右，瓜色深绿、有光泽、瘤显著密生白刺，果肉浅绿色、质脆、无苦味、品质优。具有双亲抗性，抗枯萎病、霜霉病和白粉病，稳产性能好。

图2-18 津优1号品种

（二）津优40（图2-19）

植株生长势强，叶片大；主蔓结瓜为主，成瓜性好；瓜深绿色，光泽度极好，顺直，瓜长33厘米，横径3.0厘米，心腔小，单瓜质量170克，瓜把短，刺瘤较密，果肉淡绿色，质脆，味甜，抗黄瓜霜霉病、白粉病、枯萎病、病毒病，属多抗品种。耐热能力较强，在高温炎热季节（35℃以上）可以正常生长，畸形瓜率低于15%。适合春、夏、秋露地栽培。

（三）中农8号

中农8号为普通花型一代杂种，植株长势强，生长速度快，株高220厘米以上，叶色深绿，分枝较多，主侧蔓结瓜，第一雌花着生在主蔓4~6节，以后每隔3~5节出现一雌花。瓜长25~30厘米，瓜色深绿均匀一致，富有光泽，果面无黄色条纹，瓜把短，心腔小，瘤小，刺密，白刺，质脆，味甜，无苦味，风味清香，品质佳。

图2-19　津优40品种

（四）碧翠19（图2-20）

欧洲温室型水果黄瓜新品种，植株生长势强、茎粗、节间短。强雌性体，第二节开始着生雌花，每节雌花2朵左右。每节可坐瓜1~2条，连续坐果性强。瓜条直，商品瓜长16厘米左右，瓜粗2.5~3厘米，单瓜重85~90克。瓜条光皮无刺，品质鲜嫩松脆，有清香味，口感好。耐低温、弱光、较

图2-20　碧翠19品种

耐寒。抗白粉病，耐病毒病和霜霉病。

三、栽培技术

（一）土壤和播种期选择

1. 土壤选择

为有利于山地黄瓜生长，应选择海拔400米以上，土壤有机质含量高，土层深厚，土层疏松肥沃，阳光充足，交通方便，排水条件较好的微酸性平缓山地种植。

2. 播种时间

低海拔山区可种植春秋两季，春季在3月中旬至4月上旬播种，秋黄瓜在8月上中旬播种；海拔在500米以上山区种植1季，4月中旬至7月上旬分批播种。

（二）育苗

1. 播种前处理

播种前晒种1~2天，对种子进行消毒处理，用50%多菌灵可湿性粉剂500倍液浸种1小时或用高锰酸钾1 000倍液浸种15~20分钟，捞出洗净后进行催芽播种。

2. 播种

提倡采用营养钵育苗，用60%菜园土、40%腐熟畜禽粪或饼肥混合均匀后配制营养土。每钵播1粒种子，播后盖土。育苗时注意遮阳、避雨，加强肥水管理和病虫害综合防治，培育无病壮苗。

（三）整地施肥

1. 整地

选择3年以上未种过瓜果类的砂壤土或壤土。于定植前10天左右深耕土壤，结合深耕每亩撒施生石灰50~100千克，并加一些低毒杀虫杀菌剂，以减少地下害虫及土传病害为害。

2. 施肥

基肥以优质有机肥、常用化肥、复混肥等为主，结合整地，每亩施优质有机肥（腐熟厩肥等）3 000~4 000千克、三元复合肥30~40千克、硼砂1千克，沟施于黄瓜种植行间或全田撒施，同时可用石灰50~100千克调节土壤酸碱度，筑深沟高畦，畦宽（连沟）120~130厘米，畦面宽80~90厘米，沟深30厘米。

（四）适时定植

山地黄瓜有两种栽培方式：一是育苗移栽，二是直播。

1. 育苗移栽

培育壮苗带土移栽。苗龄25~30天，株高15厘米左右，3~4叶一心，子叶完好，节间短粗，叶片浓绿肥厚，根系发达，健壮无病。每亩栽3 000~3 500株，株距30~35厘米。定植后浇1次定根水，定根水中加50%多菌灵可湿性粉剂500倍液可预防根部病害。

2. 直播

黄瓜直播，每穴播1~2粒种子，每亩用种量150~200克。具体方法：畦面精细整平后，在畦面开2条线沟，浇足底水，然后穴播，播后覆细土厚1~2厘米，最后覆盖秸秆防止暴雨冲刷和保持土壤湿度。出苗后揭除覆盖物，及时间苗和补苗。在田边预留一部分营养钵，并与大田同时播种，为补苗作准备。

（五）田间管理

1. 中耕除草

黄瓜缓苗或定苗后及时中耕除草，用稻草等覆盖畦面，既可降温、保肥水、又可防草害，有利于山地黄瓜优质高产。

2. 水肥管理

苗期不旱不浇水，根瓜采收后进入结瓜期和盛瓜期，需水量增加，因季节、长势、天气等因素调整浇水间隔时间，浇水宜在晴天上午进行。结瓜初期，结合浇水追肥1~2次，结瓜盛期一般每采2~3批瓜（间隔10天左右）追肥1次（高钾中氮低磷复合肥10~15千克），另外用0.5%磷酸二氢钾和1%尿素溶液叶面喷施2~3次。

3. 植株调整、保花保果

当黄瓜有6片真叶、株高25厘米左右时，搭架绕蔓、整枝，及时采摘根瓜以免赘秧；摘除40厘米以下侧枝，以上侧枝见瓜留1~2片叶摘心。当主蔓25~30片叶时进行摘心，促进侧蔓生长，使其多开花、多结瓜，提高单株产量。黄瓜结果期遇高温，可用高效坐瓜灵保花保果，减少畸形瓜，提高商品性。喷花要均匀，并适当降低浓度。生长中后期要及时摘除病叶、老叶、畸形叶，促进通风透光，减少病害，增强植株生长势。

4. 应用生长调节剂

乙烯利有促进雌花分化、降低雌花节位、增加雌花数量的作用，在黄瓜有两片真叶时，用40%乙烯利100毫克/千克于16:00—17:00时喷施叶面。

喷药后要加强肥水管理，特别注意不能缺水。在第4片真叶展开时用同样浓度喷施第2次。

（六）病虫害防治

山地无公害黄瓜病虫害主要有病毒病、霜霉病、疫病、白粉病、枯萎病。

及时清理病虫叶、果和植株，深埋或烧毁。病毒病除防好蚜虫外，可用病毒A喷雾防治；霜霉病可选用72%杜邦克露可湿性粉剂600~800倍液，或25%吡唑醚菌酯乳油2 000倍液喷施防治；疫病可选用64%杀毒矾可湿性粉剂，或72%克抗灵可湿性粉剂800倍液喷雾防治；白粉病可选用25%吡唑醚菌酯乳油2 000倍液，或15%粉锈宁可湿性粉剂1 500倍液喷雾防治；枯萎病可选用40%抗枯宁（络氨铜）水剂400~600 倍液，或10 亿单位多粘类芽孢杆菌可湿粉剂200倍液灌根防治。蚜虫和蓟马可用10%吡虫啉可湿性粉剂2 000~3 000倍液，或21%噻虫嗪水分散性粒剂3 000倍液防治；瓜绢螟可选用5%康宽悬浮剂3 000倍液，或BT生物农药500倍液防治。

（七）适时采收

适时采收根瓜，及时分批采收成熟的黄瓜，以免影响植株后续生长，确保商品瓜品质。采收最好在清晨进行，选择大小适中，粗细均匀，顶花带刺，脆嫩多汁的黄瓜。采收时用剪刀或小刀割断果柄，以免挫伤瓜蔓，并将瓜轻放，防止碰伤腐烂。山地黄瓜在定植后30~40天便可开始采收上市。

第六节　番　茄

山地番茄适栽区域为海拔高度600~1 000米的山区。在避雨栽培的同时采用嫁接苗，不仅能减少土传病害发生，还能提高产量、改善产品的商品性。

一、生物学特性

（一）形态特征

番茄是茄科茄属一年生或多年生草本植物，以成熟多汁浆果为产品。根据生长习性的不同，番茄分为有限生长类型和无限生长类型。株高0.6~2米，全体生黏质腺毛，有强烈气味。茎易倒伏。叶羽状复叶或羽状深裂，长10~40厘米，小叶极不规则，大小不等，常5~9枚，卵形或矩圆形，长

5~7厘米，边缘有不规则锯齿或裂片。花序总梗长2~5厘米，常3~7朵花；花梗长1~1.5厘米；花萼辐状，裂片披针形，果时宿存；花冠辐状，直径约2厘米，黄色。浆果扁球状或近球状，肉质而多汁液，光滑；种子黄色。花果期多在夏秋季。

（二）生长习性

1. 温度

番茄是喜温性的茄果类蔬菜，适合在月平均温度在20~25℃的季节里生长发育。但不同生育阶段对温度的要求和反应不同：种子发芽的最适温度是28~30℃，最低为11℃，最高为35℃；幼苗及植株生长的最适昼温是24~28℃，夜温为15~18℃。温度超过35℃，生长停滞，低于10℃，生长量下降，低于5℃茎叶停止生长，−1~2℃遭受冻害。在幼苗期通过人为的低温锻炼，可增强本身的抗寒能力。一般能长时间忍耐5~6℃的低温，甚至还能短时间忍耐0℃低温。开花期对温度反应比较敏感，以昼温20~30℃，夜温15~20℃为最适宜，低于15℃或高于30℃，都不利花器正常发育，易造成落花，亦可形成畸形花。果实发育期适宜的昼温为25~30℃，夜温为13~17℃。温度低果实发育速度则减缓，昼温超过30℃，果实发育速度加快，但坐果率减少，落果率增加，茄红素的形成也会受到抑制，果实色泽不艳。根系生长的适宜土温（5~10厘米土层）为20~22℃，低于12℃则根系生长受阻，根毛生长停滞，一般以土温稳定达到12℃时，为当地番茄露地定植的最适时期。

在温度管理上，最重要的是保持一定的昼夜温差，白天适当提高温度，有利于光合作用，增加营养物质的制造。而夜间适当降低温度，降低呼吸作用，减少养分消耗，有利营养物质的积累，促进植株和果实的生长发育。

2. 光照

番茄是喜光蔬菜，其生长需要充足阳光，光饱和点为7万勒克斯，适宜光照强度为3万~5万勒克斯。在此之间光照愈强，光合作用旺盛，生长则良好。反之，光照减弱，则节间及茎细长，叶片变薄、色浅，花质变劣，容易落花落果。据试验，每平方米叶面积生产1千克果实需要95~96小时的光照。

3. 湿度

番茄根系吸水能力较强，属半耐寒性蔬菜，一般以土壤湿度60%~80%、空气湿度45%~50%为宜。番茄枝叶繁茂，蒸腾作用强烈，植株和果实生长速度快，因此需水量较多。要获得亩产5 000千克番茄，需从土壤中吸收水分330吨以上。植株与果实的不同生育阶段，对水分的要求不一样。开花前，植株较小，气温偏低，需水量较少。进入开花期，吸水量急剧增加。到了果实发育期，每天每株吸收1升以上的水分。

4. 土壤

番茄根系发达，吸收能力强，对土壤的要求不甚严格。但为获得高产，应尽可能选择土层深厚、疏松肥沃、保水保肥力强的沙质土壤为好，土壤酸度以pH值5.5~7.0均可，但以中性或微酸性土壤最佳。

二、品种选择

高山地区交通运输不便，生长季节长，越夏长季节栽培应选用适应性强、抗逆性好、产量高、商品性好、耐储运的无限生长类型品种，如钱塘旭日、浙杂203、浙杂806、浙樱粉1号、黄妃等。

(一) 钱塘旭日 (图2-21)

中晚熟，无限生长型，生长势强，叶片短，小叶片宽大，深绿色，最大叶长和宽分别为45.8厘米和36.6厘米；第一花序着生于第7~8节，间隔3~4叶着生一个花序。株型紧凑，果实圆正，青果绿白色，无绿果肩，成熟果大红色，着色均匀，果面光滑、无棱沟，萼片肥大舒展；果肉厚，3~4心室，单果重180~220克。果实坚硬，口感好，果肉厚，耐贮运，不裂果，连续坐果力强，每穗3~4个，适宜设施越冬或早春提早或高山越夏长季节栽培，单株可结果12~15穗以上。高抗叶霉病、早晚

图2-21 钱塘旭日品种

疫病、枯萎病、黄萎病、根腐病以及TMV、CMV病毒病。

（二）浙杂203（图2-22）

早熟，7叶着生第一花序，长势中等；茎秆稍细，叶子稀疏，叶片较小，有利密植；果实近圆形，果皮厚而坚韧，果肉厚，裂果和畸形果极少；青果无果肩，成熟果大红色，着色一致；特大果型，单果重300克左右，大果可达450克以上。该品种抗性强，高抗TMV、耐CMV、高抗叶霉病，耐枯萎病。

图2-22　浙杂203品种

（三）浙杂806（图2-23）

生长势强，中熟偏晚，果实高圆，果重在300克和250克左右，单穗结果3~4个，连续收获6~7穗果，采收季节长。高抗TMV、较耐青枯病、早疫病、耐贮运。

（四）浙樱粉1号（图2-24）

早熟，无限生长型樱桃番茄。生长势强，叶色浓绿，最大叶片长和宽分别为60.6厘米和50.2厘米，茎直径1.9厘米；始花节位7叶，花序间隔3叶，总状/复总状花序，每花序花数为13~18朵，具单性结实特性，结果性好，连续结果能力强，6穗果打顶，单株结果104个；幼果淡绿色、有绿果

图2-23　浙杂806品种

肩，成熟果粉红色、着色一致、具光泽，果实圆形，商品性好，风味佳，单果重18克左右；经农业部农产品及转基因产品质量安全监督检验测试中心（杭州）测定，果实可溶性固形物9.0%。经浙江省农业科学院植微所鉴定抗ToMV和枯萎病。

（五）黄妃（图2-25）

无限生长类型樱桃番茄，早熟品种，生长势强，第1穗果节位7节左右，以后每隔3叶长1花序，每花序视节位不同可开花10~100朵不等，单穗自然坐果数多的可达50果以上，生产中视节位不同一般坐果4~35果。果实椭圆形，黄色，平均单果质量12~14克。果实硬度中等，可溶性固形物含量9%~11%，风味浓、口感特佳。较抗灰霉病，适应性好。

三、栽培技术

（一）地块选择

选择海拔600~1 200米，土层深厚、肥沃、保水保肥性好、排灌方便、微酸性到中性的台地或东坡、东南坡、南坡。提倡避雨栽

图2-24 浙樱粉1号品种

图2-25 黄妃品种

培，要求3年以上未种过茄果类或瓜类作物。

（二）播种育苗

1. 播种期

山地越夏栽培茬口，播种应选择在3月上旬至4月上旬进行，海拔低播种早，海拔高播种迟。

2. 用种量

根据种子大小和移栽密度，每亩用种量8~20克，每穴播1粒。

3. 种子处理

将种子用55℃温水浸种15分钟，水温下降后，用0.1%高锰酸钾溶液浸种30分钟，再用清水浸种6~8小时。浸种后用湿布包裹置于25~28℃环境中催芽，每天用温水洗种一次，待70%种子露白后播种。包衣种子不需浸种。

4. 育苗

育苗设施包括育苗温室或大棚、塑料小棚、播种机械、播种穴盘等，育苗前对育苗设施进行消毒处理，处理方法：40%甲醛50~100倍液封棚消毒1~2天，后通风2天以上至无甲醛气味。

选用东北育苗泥炭，栽培用蛭石或珍珠岩，按3∶1配比，也可应用专用育苗基质，或应地制宜，自行制作育苗基质。要求孔隙度约60%，pH值6~7，疏松、保肥、保水、营养完全。

催芽种子采用50孔或72孔穴盘育苗，将准备好的基质装盘、压穴后，每穴播种1粒已催芽的种子，浇透水一次，覆0.8~1.0厘米基质，再浇水覆膜。

5. 苗期管理

（1）温光管理。大棚加小拱棚育苗，可以通过排电热线、遮阳、地热空调等方式调节温度，具体管理见表2-6。

表2-6　苗期温度管理指标

时期	日温（℃）	夜温（℃）	短时间最低夜温平均（℃）
出芽至齐苗	25~30	18~15	13
齐苗至移栽前5~7天	20~25	16~12	10
移栽前5~7天	15~20	10~8	5

冬春育苗阴雨天时采用补光灯补光，夏秋育苗用遮阳膜遮光。

（2）水肥管理。视育苗季节和墒情适当浇水，基质水分控制在70%左右。幼苗二叶一心后，视苗情浇施0.1%~0.3%果蔬型复合肥浸出液。

（3）病虫害防治。苗期病虫害主要有立枯病、猝倒病、蚜虫等。应及时进行防治。

6. 壮苗指标

真叶5~6叶，苗高20~25厘米，茎粗0.4厘米以上，现蕾，叶色浓绿，无病虫害。

（三）定植

1. 整地施肥

移栽前10天左右整地，晒垡，施足底肥，每亩施腐熟有机肥3 000千克，高浓度复合肥50千克，撒施，耕深25~30厘米，畦宽100厘米，沟宽40厘米，沟深20~25厘米。

为了调节土壤酸碱度，增加土壤中的钙质含量，减少番茄青枯病、脐腐病等病害发生，需在整地时每亩施生石灰75~100千克。生石灰可以在作畦后撒施于畦面，然后浅翻入土拌匀，也可以将一半生石灰撒施后进行翻耕，将另一半在作畦后，撒施于畦面，然后整理畦面时将其翻入表层土中。

2. 定植方法

5月中旬前后选晴天进行，视秧苗大小带基质分批移栽。每畦种2行，行距50~60厘米，株距35~45厘米，每亩种植1 800~2 300株。定植时调节滴灌带位置，使滴灌带距离秧苗基部5~8厘米，移栽后，苗周围覆土略加压实，浇透定根水。

（四）田间管理

1. 温光管理

开花坐果期适宜温度：白天20~25℃，夜间10~15℃。结果期适宜温度：白天20~30℃，夜间10~20℃。移栽3天后浇缓苗水，保持土壤见干见湿，苗期保持土壤持水量60％~70％，结果期70％~80％为宜。夏秋栽培移栽后盖遮阳网3~5天缓苗，缓苗活棵后10~15天内，若遇高温天，应在上午10时至下午3时盖遮阳网。

2. 中耕除草

未采用地膜覆盖的，在雨后转晴及时浅中耕，结合除草进行培土；封行前，采用秸秆、枯草、树叶等覆盖畦面，有利于降低地温、保湿、保肥及防止杂草危害。采用地膜覆盖栽培的无须中耕。

3. 整枝搭架

用细竹杆搭人字架或用塑料绳吊蔓，并及时绑蔓。采用单秆整枝，在生长中期适当降低引蔓高度。当顶部果穗开花后，留二片叶摘心，保留叶腋中的侧枝。第一穗果成熟后，摘除其下全部叶片，及时摘除枯黄有病斑的叶子和老叶。坐果后期，上中部结果过多时适当剪除。及时摘除畸形果、僵果等不正常果。

4. 保花保果

在不易坐果的气候条件下，如气温超过35℃、连续干旱或气温低于20℃、连续阴雨都会造成落花落果，可采用防落素、番茄灵等植物生长调节剂喷花穗。

5. 肥水管理

提倡采用微灌设施实施肥水同灌。除基肥，每亩总追施纯N 15~20千克，P_2O_5 5.0~10.0千克、K_2O 15.0~20.0千克。分多次施用，每次每亩施高浓度复合肥3~5千克、尿素2~2.5千克、硫酸钾2~2.5千克。山地种植生长中后期可用0.5%~1%的尿素液，或0.8%~1%的磷酸二氢钾作叶面肥喷施2~3次。

（五）病虫害防治

1. 主要病虫害

番茄主要病害有灰霉病、晚疫病、叶霉病、早疫病、青枯病、枯萎病和病毒病等，虫害主要有蚜虫、潜叶蝇、茶黄螨、白粉虱、烟粉虱、棉铃虫等。

2. 防治原则

按照"预防为主，综合防治"的植保方针，坚持以"农业防治、物理防治、生物防治为主，化学防治为辅"的防治原则。

3. 防治方法

（1）农业防治。合理轮作，选用抗病品种，培育壮苗，及时中耕除草、清洁田园等。

（2）物理防治。应用防虫网、黄板等。

（3）生物防治。保护天敌，推广应用生物制剂防治病虫。

（4）化学防治。地膜覆盖处不除草，如见杂草，采取人工拔除。无地膜栽培，移栽前每亩用33%二甲戊乐灵乳油100~150毫升，对水40~50千克细喷雾；栽后，禾本科杂草3~5叶期，可用5%精喹禾灵乳油50~70毫升对水30~40千克喷雾。

主要病虫害化学防治推荐药剂、使用方法、安全间隔期见表2-7。

表2-7　番茄主要病虫害及防治农药

主要防治对象	农药名称	施用浓度（倍液）	施用方法	安全间隔期（天）
猝倒病立枯病	98%噁霉灵可湿性粉剂	3 000	发病初期喷雾、灌根或淋施，每隔7天1次，连续3次	7
	72.2%霜霉威盐酸盐水剂	700	发病初期喷雾，5~7天喷1次，连续2次	7
灰霉病	50%腐霉利可湿性粉剂	1 500	晴天棚室中喷雾，连续1~2次	7
	50%异菌脲可湿性粉剂	1 500		7
	50%啶酰菌胺水分散粒剂	1 250		7
	50%咯菌腈可湿性粉剂	1 500	傍晚闭棚烟熏，每隔9天1次，连续2~3次	7
	50%嘧菌环胺水分散粒剂	1 500		15
叶霉病	10%多抗霉素可溶粉剂	3 000	发病初期喷雾，每隔7~8天喷1次，连续2~3次	7
	50%异菌脲悬浮剂	1 000		2
	10%苯醚甲环唑水分散粒剂	2 000		15
青枯病	10%苯醚甲环唑水分散粒剂	2 000	发病初期喷雾，7~10天喷1次，连续2~3次	15
	20%噻唑锌悬浮剂	750		7
	46.1%氢氧化铜水分散粒剂	1 500	发病初期灌根，7天1次，连续2~3次	3
早疫病	25%甲霜灵可湿性粉剂	750	发病初期喷雾，10~14天喷1次，连续2~3次	7
	10%氰霜唑乳油	2 000	发病初期喷雾，5~7天喷1次，连续2~3次	7
	50%烯酰吗啉可湿性粉剂	1 500		3
	52.5%霜脲·噁酮水分散粒剂	2 000		7
晚疫病	68.75%氟菌·霜霉威悬浮剂	600	发病初期，喷雾，7天1次，连续3次	3
	25%双炔酰菌胺悬浮剂	1 500		7
	80%烯酰吗啉水分散粒剂	1 500	发现中心病株后，傍晚闭棚烟熏，每隔9天1次	3
枯萎病	30%噁霉·甲霜灵水剂	1 500	发病初期灌根，7~10天1次，连续3~4次	7
	10%双效灵水剂	200		10
	12.5%增效多菌灵水剂	200		7
病毒病	20%吗胍乙酸铜可湿性粉剂	400	发病初期喷雾，7~10天喷1次，连续2~3次	7
	0.5%香菇多糖水剂	600		3
	20%盐酸吗啉胍可湿性粉剂	600		3

（六）生理障碍的预防

番茄主要生理障碍有脐腐病、畸形果、筋条果、空洞果和着色不良等，其发生原因和预防措施见表2-8。

表2-8　番茄主要生理障碍的成因及预防措施

生理障碍	主要成因	预防措施
脐腐病	土壤干旱、偏施氮肥等，植株果实部位缺钙	避免干旱；控制氮肥，增施有机肥；补钙：基肥中施生石灰、结果期喷施5%过磷酸钙浸出液
畸形果	苗期温度低，氮肥用量过多，土壤湿度大，生长素使用不当	育苗期白天温度应保持在20℃，夜间温度应控制在10℃以上；避免过量灌溉，少施氮肥；正确使用生长素
筋条果	黑筋条果因光照弱，生长过盛，栽植过密，氮肥施用过多。白筋条果则由于缺钾，吸收氨态氮过多所造成的	注意土壤排水；协调光照与温度，白天应保持通风；合理密植，适施氮肥，增施钾肥和硼肥
空洞果	高温、光照不足，花粉发育不良，生长素浓度过高、使用过早，肥水跟不上	调节温度和光照；合理使用生长素；加强肥水管理
着色不良	光照弱，温度低，氮肥施用过多	合理密植，适量施肥，控制温度

（七）适时采收

番茄成熟时期一般从开花到果实成熟，早熟品种40~50天，中熟品种50~60天。番茄的成熟经历绿熟期、微熟期（转色期至顶红期）、半熟期（半红期）、坚熟期（红而硬）和软熟期（红而软）各个阶段。现采现销的，宜在完全成熟时采收。需贮运的，宜在转色期采收。从果柄离层处采摘，保留萼片。番茄采收时要剔除畸形果、空果、病虫果，清除果面污渍，保持果面清洁，并去掉果柄，以免刺伤别的果实。番茄采收后，要根据大小、颜色、果实形状，有无病斑和损伤等进行分级包装，以提高商品性。

第七节　西　瓜

西瓜为夏季之水果，果肉味甜，能降温去暑。杭州西北部有丰富的高山资源，土壤有机质含量丰富、土层深厚，又便于排水，有利于西瓜根系的发展；山地环境昼夜温差较大，有利于西瓜糖分的积累；山区一般没有环境污染，符合有机西瓜生产对土壤、气候和水质等条件的要求。山地生态环境良好，夏季生产西瓜有着较为优越的自然条件，生产的山地西瓜品质好且在平地西瓜的淡季上市，因此售价高，发展前景良好。

一、生物学特性

(一) 形态特征

一年生蔓生藤本；茎、枝粗壮，具明显的棱沟，被长而密的白色或淡黄褐色长柔毛。卷须较粗壮，具短柔毛，叶柄粗，长3~12厘米，粗0.2~0.4厘米，具不明显的沟纹，密被柔毛；叶片纸质，轮廓三角状卵形，带白绿色，长8~20厘米，宽5~15厘米，两面具短硬毛，脉上和背面较多，3深裂，中裂片较长，倒卵形、长圆状披针形或披针形，顶端急尖或渐尖，裂片又羽状或二重羽状浅裂或深裂，边缘波状或有疏齿，末次裂片通常有少数浅锯齿，先端钝圆，叶片基部心形，有时形成半圆形的弯缺，弯缺宽1~2厘米，深0.5~0.8厘米。

雌雄同株。雌、雄花均单生于叶腋。雄花花梗长3~4厘米，密被黄褐色长柔毛；花萼筒宽钟形，密被长柔毛，花萼裂片狭披针形，与花萼筒近等长，长2~3毫米；花冠淡黄色，径2.5~3厘米，外面带绿色，被长柔毛，裂片卵状长圆形，长1~1.5厘米，宽0.5~0.8厘米，顶端钝或稍尖，脉黄褐色，被毛；雄蕊3，近离生，1枚1室，2枚2室，花丝短，药室折曲。雌花花萼和花冠与雄花同；子房卵形，长0.5~0.8厘米，宽0.4厘米，密被长柔毛，花柱长4~5毫米，柱头3，肾形。

果实分大果型、中果型和小果型，近于球形或椭圆形，肉质，多汁，果皮光滑，色泽及纹饰各式。种子多数，卵形，黑色、红色，有时为白色、黄色、淡绿色或有斑纹，两面平滑，基部钝圆，通常边缘稍拱起，长1~1.5厘米，宽0.5~0.8厘米，厚1~2毫米。

(二) 生长习性

1. 温度
西瓜喜温暖、干燥的气候、不耐寒，生长发育的最适温度24~30℃，根系生长发育的最适温度30~32℃，根毛发生的最低温度14℃。西瓜在生长发育过程中需要较大的昼夜温差，较大的昼夜温差能培育高品质西瓜。

2. 水分
西瓜耐旱、不耐湿，阴雨天多时，湿度过大，易感病，产量低，品质差。

3. 光照
西瓜喜光照，在日照充足的条件下，产量高，品质好。

4. 养分
西瓜生育期长，产量高，因此需要大量养分。每生产100千克西瓜约需吸收氮0.19千克、磷0.092千克，钾0.136千克，但不同生育期对养分的吸收量有明显的差异，在发芽期占0.01%，幼苗期占0.54%，抽蔓期占14.6%，结果期是西瓜吸收养分最旺盛的时期，占总养分量的84.8%，因此，西瓜随着植株的生长，需肥量逐渐增加，到果实旺盛生长时，达到最大值。

5. 土壤

西瓜适应性强，以土质疏松，土层深厚，排水良好的砂质土最佳。喜弱酸性，pH值5~7。

二、品种选择

根据栽培地的地理、气候条件及当地市场消费习惯来选择品种，宜选择生长势较强、耐瘠、耐高温、耐湿抗病、易坐果、耐贮运的中晚熟品种，如西农8号、浙蜜3号、浙蜜5号、丰乐5号、科农9号等。

（一）西农8号（图2-26）

中晚熟西瓜品种，主蔓长2.8米左右，掌状裂叶、浓绿色，雌雄同株异花，第一雌花着生节位7~8节，雌花间隔3~5节，果实椭圆形，果皮淡绿色、上覆深绿色条带，果皮厚1.1厘米，瓤红色，单瓜重8千克左右。中晚熟品种，全生育期95~100天，开花到果实成熟约36天，较耐旱、耐湿，不易产生畸形瓜，高抗枯萎病，抗炭疽病，果实含糖量9.6%左右，品质极佳。

图2-26　西农8号品种

（二）浙蜜3号（图2-27）

中熟偏早。果实发育期32~35天。植株长势稳健，易坐果，较抗病，耐湿。果实高圆形，果面光滑，底色深绿，间有墨绿色隐条纹，外形美观。瓤红色，肉质细脆，鲜甜爽口。单瓜重5~6千克，杂交种，开花至成熟32天，肥水不足时，果形偏小；中心糖度12°左右，边缘糖度9°左右，糖度梯度小，品质佳，较耐贮运。

图2-27　浙蜜3号品种

（三）浙蜜5号（图2-28）

中早熟品种，开花至果实成熟32天左右，植株长势稳健，坐果性好。果实圆形，果面光滑圆整，外形美观，底色深绿，覆墨绿色隐条纹。果肉红色，中心糖度12°左右，边缘糖度9°，糖度梯度小。肉质脆爽，汁水多，品质佳。皮厚1.0厘米，皮韧。平均单瓜重5~6千克，一般亩产3 000千克左右，较抗枯萎病和炭疽病。

图2-28　浙蜜5号品种

（四）丰乐5号（图2-29）

中早熟杂交种，开花至成熟31天。植株生长势稳健，分枝中强，坐瓜整齐、容易。果实椭圆形，果皮墨绿色覆有深色宽条带，瓤红

图2-29　丰乐5号品种

色，单果重5~6千克。较抗枯萎病，不耐贮运；肉质细脆，中心可溶性固形物含量12%，边缘可溶性固形物含量9%，质脆、味甜，口感好。

（五）科农9号（图2-30）

中晚熟杂交种，果实发育期33天左右，全生育期105天左右。植株长势强。第一朵雌花显于6~9节，雌花间隔5节左右。果实椭圆形，果皮底色绿色，覆有深绿色宽条带锐齿条纹，无蜡粉。单果重9千克左右，果皮韧度好，果皮厚度1.1

图2-30　科农9号品种

厘米左右，耐贮运。瓤色红色、肉质松软、口感甜蜜。中心可溶性固形物为12.9%，边缘可溶性固形物为8.9%。中抗枯萎病，耐低温弱光性一般。

三、栽培技术

（一）地块选择

山地西瓜露地越夏栽培宜选择海拔250~600米的缓坡地或台地种植。应选择背风向阳、水源充足、排灌方便、土层深厚、土质疏松肥沃、保水保肥、通透性良好的沙质壤土，忌连作。

（二）播种育苗

1. 播种期

播种时间安排在5月上旬至6月初为宜。海拔低播种期早，海拔高播种期迟。

2. 浸种催芽

播种前种子要经过选种、晒种、浸种、种子消毒等处理。一般采用温汤浸种，即种子放入55℃的温水中消毒杀菌10分钟，不断搅拌使水自然冷却，再浸种3~6小时，然后洗净种子表面黏液；或将种子浸在多菌灵或托布津

500倍液中1小时，洗净后再清水浸种4~5小时。沥干水分后用干净湿布袋装好，置于30℃恒温催芽，待有80％种子露白萌芽时即可播种。

3. 播种方法

山地西瓜栽培以育苗移植较多，一般采用穴盘或营养钵集中育苗。

山地西瓜栽培由于播种较晚，一般以冷床育苗为主。苗床应选择离栽培地较近，靠近水源、背风向阳、阳光充足的地方。营养土要求土质疏松、肥沃，不带病虫杂草。可用70％未种过瓜类和茄果类蔬菜的菜园土或稻田土，加30％腐熟猪牛粪，再加0.3％复合肥，混合均匀后堆制，使用前翻晒过筛后备用。装钵时钵内营养土要充实，装后整齐摆放在苗床上以待播种。

播种前1天营养钵用清水或0.1％的托布津溶液浇透。播种时在营养钵中央用竹签先插一小洞，把发芽的种子平放于小洞中，胚根朝下，然后用细土覆盖，厚度以不见种子为宜。洒适量水后在营养钵上平覆一层地膜，再每隔50厘米插一竹拱，盖上农膜，膜四周用土压实，并清理疏通苗床四周的排水沟，彻底铲除周边的鼠洞，以防止苗床积水和避免鼠害。

4. 苗期管理

瓜苗出土前一般不揭膜，遇低温晚上可加盖草帘，以确保苗床内有较高的温度。当有70％的幼苗开始拱土时揭除地膜。出苗后苗床宜干不宜湿，晴天应全部揭开薄膜，降低床内湿度，晚上和阴雨天气仍需盖膜保温，可在中午将苗床两头打开通风1~2小时。阴雨天严格控制浇水，若发现营养钵表面泥土发白、钵中泥土很硬或瓜苗出现萎蔫时，需及时浇水补充水分。浇水要求在下午5时前一次性浇透，避免多次浇水。根据幼苗长势情况可在水中加少量肥料。当幼苗一叶一心时追施0.3％的复合肥水，以利培育壮苗。

（三）定植

1. 整地

选择3年以上未种过瓜果类的砂壤土或壤土，地势高燥、阳光充足、排灌方便、便于运输的地块。山坡较陡的地块栽培西瓜可做成比土面高出15厘米的瓜堆，以防雨水冲刷，促进根系生长。较平坦的山地宜采用高畦栽培，播种前深翻土地，并要开好排水沟以防瓜地渍水。利用梯田种瓜则可根据地形整成3~5米宽的平畦，但也应注意排水，畦面可整成龟背形。西瓜单行或双行定植。

2. 施肥

重施基肥特别是重施有机肥十分重要。基肥采用开沟条施或穴施，肥料与土壤要拌匀。一般亩施腐熟有机肥1 000~1 500千克，硫酸钾复合肥50

千克，磷肥50千克，腐熟的菜子饼50千克，基肥的用量一般占肥料总量的70％。酸性山地土壤还要加施适量生石灰。

3.适时定植

育苗期25~30天，于6月上旬至7月上旬进行定植。定植密度应根据品种特性、土壤肥力水平、基肥用量、整枝方式等进行综合考虑，如采用2~3蔓整枝，每亩可定植500~600株。

定植应选择晴天下午或阴天进行。定植时把营养钵中的幼苗取出放入定植穴内，周围用细土填平，然后浇足压兜水，用0.3％的复合肥水作压兜水效果最好。注意移栽时瓜苗不能散钵，移栽不宜过深，肥水最好不沾到叶面上。提倡地膜覆盖栽培。

（四）田间管理

1.整枝理蔓

常见的整枝方式是2~3蔓整枝，即留1主蔓和1~2条侧蔓，坐果前要及时抹除多余的侧蔓，除保留坐果节位的孙蔓以外，其他孙蔓全部抹除，坐果后可减少整枝打杈次数或不整枝打杈。整枝的同时还要进行理蔓与压蔓，使各条瓜蔓在田间均匀分布，以充分利用光照。蔓长50厘米以上时每隔5节用土压1次蔓，以防止风吹动瓜蔓和促进不定根的生长，增加营养的吸收面。

2.肥水管理

前期应控制肥水，以免引起徒长，影响坐果。苗期视苗情施薄肥，坐果后幼果鸡蛋大小时重施壮果肥，做到先结先施，后结后施。追肥的原则是轻施提苗肥、巧施伸蔓肥、重施壮果肥或膨瓜肥。轻施提苗肥：缓苗后浇1次缓苗水，在移栽后5~7天或直播栽培幼苗3~4片真叶时，视苗情追施0.3％~0.5％的复合肥水或稀人粪尿1~2次。巧施伸蔓肥：当瓜苗长至70~80厘米时。在离瓜兜1米处开沟施伸蔓肥，每亩施复合肥20千克左右或菜籽饼50千克。开花坐果期要控肥控水，以防植株徒长。重施膨瓜肥：西瓜坐果后的膨瓜期是需肥需水最多的时期。此时如田间肥水供应不足将直接影响产量，因此当幼果有鸡蛋大小时要重施膨瓜肥。此次追肥以速效性氮、钾肥为主，每亩施三元复合肥15千克，尿素10千克左右，在藤叶空隙处挖穴点施或对水在畦面空隙处淋施。膨瓜期要保持水肥均衡供应。果实发育中后期如叶片发黄、老化，可用0.3％磷酸二氢钾或0.2％~0.3％尿素等叶面肥追肥1~2次。西瓜采收后如藤叶完好. 可追施速效性肥料1~2次，争取结第2、第3茬西瓜。

3. 人工辅助授粉

山地西瓜适宜的坐果节位为主蔓第15~25节，侧蔓第12~20节的第2、第3雌花。人工辅助授粉宜在西瓜开花后3小时内完成。如遇阴雨天.应采取罩花的方式授粉，以提高坐果率。授粉时动作要轻，花粉要涂沫均匀，授粉后雌花柱头上要能看到花粉。一般在预留结果雌花开放时，于上午6：00—9：00时，用当天开放的雄花给雌花进行人工授粉，并挂牌标明日期，以便采收。

（五）病虫害防治

主要病害有猝倒病、枯萎病、炭疽病、蔓枯病等，主要虫害有黄守瓜、蚜虫等。病虫害防治以"预防为主、防重于治，农业防治为主、化学防治为辅"的原则，采用综合防治措施，在增强瓜苗素质、清洁田间杂草、推广嫁接栽培等基础上，应用生物农药和双低农药防治，在病虫害发生初期使用，并注意轮换用药。

猝倒病可在发病初期用64%杀毒矾可湿性粉剂500倍液，或72%霜脲·锰锌可湿性粉剂600~750倍液喷雾；枯萎病在零星发病时可用77%氢氧化铜可湿性粉剂500倍液，或20%洛氨铜·锌水剂500~600倍液浇根，每穴浇灌200毫升；炭疽病在发病初期可用50%福美双可湿性粉剂500~800倍液，或25%吡唑醚菌酯乳油2 000倍液喷雾；蔓枯病在发病初期可用25%吡唑醚菌酯乳油1 500倍液，或50%扑海因可湿性粉剂1 000倍液喷雾。

黄守瓜可选用52.25%农地乐乳油1 500倍液，或48%乐斯本乳油1 000倍液喷雾；蚜虫可用3%啶虫脒乳油800倍液，或10%吡虫啉可湿性粉剂1 000倍液喷雾等。

（六）适时采收

就地销售的西瓜以九成熟时采收最好。远销外地的西瓜以八成熟采收为宜。采收不适宜成熟度的西瓜将会影响西瓜的品质和销售。以晴天傍晚采收为宜，采收时用剪刀将果柄从基部剪断，每个果保留一段绿色的果柄。

第八节　松花菜

松花菜又称散花菜，是十字花科甘蓝属花椰菜中的一个类型，相对于普通花菜呈松散状，故得此名。山地栽培可在夏秋投产，拓宽了松花菜生产及上市时间。

一、生物学特性

（一）形态特征

1. 根

松花菜根系分布较浅，主要根群密集在30厘米耕作层内，对肥水要求较高。由于松花菜根系分布较浅，抗旱能力较差，生长期间既要防旱，又要防涝，营造湿润的土壤环境条件。

2. 茎

松花菜的胚轴露出土外，幼苗上、下胚轴均很明显，茎的生长随着叶片的增加逐渐长高。茎节上不发生腋芽，一般不能食用。一般植株大部分是直立的，但不同熟期品种植株差异很大，早熟品种植株矮小，晚熟品种植株高大。

3. 叶

松花菜的叶片狭长，披针形或长卵形，多为深绿色。叶片较厚，不很光滑，无毛，表面有蜡粉，起减少水分蒸发的作用。松花菜的叶片分为外叶和内叶两种，外叶开张自外向内，叶片由小到大逐渐增大，至花芽分化后不再增大。内叶没有叶柄，自外向内渐小。叶在茎上的排列从第一片真叶起为3叶1层5叶1轮左旋式排列。一般单株有30~50片叶子构成叶丛。叶片在生长过程中有脱落现象，这是正常的。但过多的脱落或人为的摘叶，会影响同化作用，生产上应保持每株植株外叶数12片以上。

4. 花球

花球是松花菜营养贮藏器官。花球由肥大的主轴和许多肉质的花梗及绒球状的花枝顶端所组成。正常花球呈现半球形，因其蕾枝较长，花层较薄，花球充分膨大时形态不紧实状。一个成熟的花球，横径一般20~30厘米，纵径10~20厘米，单球重1 000克左右，也有较大者。花球大小与品种、栽培期、栽培条件、环境等有关。复总状花序，完全花。花萼绿色或黄绿色，十字形。

（二）生长习性

1. 温度

松花菜为半耐寒性蔬菜，喜温暖湿润的气候，既不耐炎热干燥，也不耐长期霜冻，生育适温范围较窄。种子发芽最低温度2~3℃，最适温度20~25℃。营养生长15~25℃，超过25℃，易引起植株徒长。花球形成要求凉爽气候，适宜温度15~20℃。8℃以下，花球生长缓慢；0℃以下，则花球易受冻害。已通过花芽分化的植株，顶芽遇到冻害，不能形成花球，而成"瞎株"。温度超过30℃，很难形成花球。开花期适温为15～20℃。高于25℃花粉丧失活力，种子发育不良。低于13℃则结荚不良。

松花菜形成花球，必须要通过春化阶段。松花菜从种子发芽到幼苗期均可接受低温而通过春化。通过春化阶段的温度范围为5～23℃。在5℃以下低温，或23℃以上高温条件下不易通过春化，因而不能形成花球。通过春化的温度因品种熟性而异。早熟品种在较高温度下通过春化，冬性弱；晚熟品种在较低温度下通过春化，冬性强。一般极早熟品种23℃以下，早熟品种20℃以下，中熟品种17℃以下，晚熟品种10℃以下温度通过春化阶段。

2. 光照

松花菜喜充足光照，也能耐稍荫的环境。营养生长期较强的光照与较长的日照，有利于叶丛生长强盛，叶面积大，营养物质积累多，产量高。结球期花球不宜强光照射，否则花球易变色而降低品质。抽薹开花期日照充足，有利于开花，昆虫传粉，花芽发育，可提高结荚率。

松花菜属低温长日照作物，但对日照长短要求不很严格，日照长短的影响不如低温影响那么明显。通过春化的松花菜植株，不论日照长短，均可形成花球。

3. 水分

松花菜喜湿润环境，不耐干旱，耐涝能力也较弱，对水分要求较严。不同的生长期对水分需求不同。幼苗期，特别是在高温季节，水分不宜过多，否则易引起植株徒长，或发生病害。莲座期到花球形成期，需要大量水分。莲座期如水分不足，空气干燥炎热，则植株营养生长受抑，叶片缩小，叶柄及节间伸长，生长不良，加快生殖生长，花球提前形成。花球形成期水分不足，花球呈现灰白色，无光泽，花球小、品质差。特别是土壤干旱，易发生花球开裂，出现空洞或散球。但水分过多，土壤通透性差，则影响根系生长，严重时可造成植株凋萎。在花球生长期，过分潮湿（特别是高温高湿），会引起花球松散、花枝霉烂。因此，在多雨季节，或地下水位高的地方，应采取深沟高畦，做好排水工作。在高温干旱季节，则应及时灌水，以提高产量，改善品质。松花菜以土壤湿度70％～80％，空气相对湿度80％～90％为宜。

4. 通风

松花菜生长要求良好的通风环境，要注意掌握种植密度与栽培地域、地块的选择，通风条件差是病害发生的主要因素。尤其是松花菜留种地，以选择空气流通、终日有风的区域，以减少病害的发生，有利于留种结荚，提高种子产量。

二、品种选择

松花菜不同季节对品种要求严格，山地春季宜选择中早熟、耐热性好的品种，秋季栽培宜选择高产、抗病品种，越夏栽培宜选择耐热、耐湿、商品性好的品种。可选择品种有浙农松花50天、台松60天、台松65天、庆农65天、浙017等。

（一）浙农松花50天（图2-31）

早熟性好，植株生长迅速，适宜秋季抢早栽培，定植后55天左右收获，可与迟熟松花菜品种搭配实现松花菜一年两熟。抗逆性良好，生长势强，整齐一致，株高和开展度分别为50厘米和80厘米左右；叶片长椭圆形，叶缘波状，叶色深绿，蜡粉中；花球扁圆形、白色，花梗淡绿，松散，正常生长条件下球径约20厘米，单球重750克左右，食用品质佳。

图2-31　浙农松花50天品种

（二）台松60天（图2-32）

早熟，秋种定植后约60天采收。生长快、株型大，结球期适温17~28℃。花球品质佳、球形扁平、雪白松大、蕾枝青梗、梗长、肉质松软、甜脆好吃，单球重1.2千克。耐热、耐湿，抗逆性强，适应性广。

图2-32　台松60天品种

（三）台松65天（图2-33）

早中熟品种。生长快速，株形大，耐热、耐湿。结球期适温16~26℃，单球重1~2千克，秋种定植后65~75天，春种定植后50天可采收。花菜品质佳，球形扁平美观，花球雪白松大，蕾枝浅，青梗，肉质柔软，甜脆好吃。

图2-33　台松65天品种

（四）庆农65天（图2-34）

早中熟松花型花椰菜，花球松大、雪白，蕾枝较长、青绿色，肉质柔软，久煮不糊，口感柔脆、清甜、鲜美可口，品质优良，商品性佳。耐热，耐湿，抗病性强，适应性广，容易栽培。从定植至采收，一般春栽45~55天，秋栽65天；植株长势较旺，株高60~70厘米，开展度80~90厘米，平均单球质量1.3千克，最大单球质量2.4千克，平均每亩产量2 100千克。

图2-34　庆农65天品种

（五）浙017（图2-35）

早中熟一代杂交种，秋季定植至花球收获65~70天。植株直立，株型紧凑，株高约50厘米，开展度70厘米。莲座叶色深绿，叶缘波状，蜡粉多，有叶翼，叶片长椭圆形，最大叶长56厘米，宽25厘米。花球扁平圆形，球径23厘米，单球重量1.5千克。花球乳白松大，花梗淡绿色，花层较薄，不易毛花。花球可溶性糖2.6%，花球甜脆味美，品质优良。每亩种植密度宜在2 200株左右，产量可达2 300千克以上。

图2-35　浙017品种

三、栽培技术

(一)地块选择

选择有机质丰富、土层深厚、土质疏松、保水保肥能力强、排水良好的田块。避免与结球甘蓝、花椰菜、青花菜等甘蓝类蔬菜连作。

(二)播种育苗

1. 播种期

安排播种期使松花菜结球期温度在8~24℃，最适温度为15~18℃。海拔300~600米区域春季栽培播种时间为1月上旬至3月中旬；夏秋季栽培播种时间为6月中旬至8月上旬。海拔600~1 000米的区域可越夏栽培，播种时间为2月中旬至7月上旬。

2. 播种育苗

育苗地选择地势较高、土质肥沃、排灌方便，3年内未种植过甘蓝类蔬菜的地块。提倡采用蔬菜商品育苗基质育苗；或选用3年未栽培过甘蓝类蔬菜的肥沃园土和腐熟农家肥按7:3(体积比)配制，或采用每立方米肥沃园土加1千克复合肥(含N、P_2O_5、K_2O各15%)，混合均匀，堆制30天以上。每立方米育苗土，用40%甲醛250毫升对水100倍液喷洒拌匀后盖膜堆制；或采用10%二氧化氯或40%过氧乙酸或次氯酸钠20克对水10千克喷洒拌匀后盖薄膜堆制7天以上。育苗土在使用前10天打开。

穴盘育苗：采用蔬菜商品育苗基质，选用规格为72穴或128穴的育苗穴盘。营养土块育苗：将消毒好的育苗土平铺于宽1.2米的苗床上，厚度8~10厘米，先浇透水，水下渗、表土略板结后切成6厘米×6厘米的土块。切块后在每个营养块中间挖深0.5厘米左右的播种穴。

播前浇足底水，水渗透后，每个育苗穴播种子1粒，覆盖细土或基质厚度约0.5厘米。每亩定植大田需用种子10~15克。

3. 苗期管理

苗床需用遮阳网、薄膜等材料覆盖控温保湿。夏季出苗后，晴天可在9:00—16:00时适当遮荫降温，阴天或小雨时不盖，大雨或者暴雨适时加盖薄膜。种子1/3出苗后应及时通风、排湿、控温、增光。苗期育苗土应保持见干见湿，避免积水，增加光照。

4. 壮苗标准

苗龄25~50天，株高10~12厘米，4~5片真叶，子叶完整，叶色浓绿，叶片肥大，茎粗节短、根系发达，无病虫害，无机械损伤。

（三）整地定植

1. 整地施基肥

定植前7~10天施基肥，每亩施经无害化处理的农家肥1 000千克或有机肥300~500千克、45％高氮高钾复合肥30~40千克、硼砂0.5~1.0千克，山地配合施用钙镁磷肥25千克。深翻20~30厘米后，耙细整平做畦，畦宽1.0~1.2米，畦高20~25厘米，沟宽30厘米。

2. 定植

定植前浇水起苗。每畦定植2行，株行距50厘米×60厘米，每亩种植1 800~2 200株，可根据不同品种和季节适当调整。定植时苗坨土面与畦面平齐，并用土封严定植孔，定植后立即浇足含0.3％尿素的定根水。

（四）田间管理

1. 施肥管理

缓苗后7天左右，每亩施尿素10千克；植株封行或接近现蕾时，进行第2次施肥，每亩施45％高氮高钾复合肥15千克；莲座期可用0.05％~0.1％硼砂、0.05％~0.1％钼酸铵溶液加0.2％磷酸二氢钾叶面喷施1~3次，后期视生长情况适当追肥。

在高温干旱条件下，常见土壤水分不足而使植株吸收养分受阻，因此施肥必须与供水有机结合。一般对水浇施能够提高肥料利用率，增强速效性。在生长过程中，还要增施硼、钼、镁、硫等中微量肥料，纠正植株缺素，其中硼素对花球产量和质量影响十分显著，必须适时叶面喷施0.1％~0.2％的硼砂液和0.2％磷酸二氢钾液2~3次，防止花球空心，尤其在花球膨大期必不可少。

2. 水分管理

松花菜生长中后期叶片多达17~23张，比普通花菜品种多6~8张，蒸腾量大，易失水萎蔫，特别在连续阴雨后突然放晴、暴水后放晴、高温干旱强光条件下，萎蔫现象尤其明显。生长期应保持土壤湿润，干旱时可沟灌跑马水，防止水没畦面；雨天及时排水，避免积水。有条件的可铺设滴灌管进行滴灌给水。

3. 培土

花菜根系由主茎发生，具有层性，在生长过程中，深层根系不断老化，近地面茎不断发生新根，总体分布较浅，须根主要分布在主茎附近。因此，花菜生产一般都需要培土，通过培土，促发不定根，稳定根系生长的土壤环境，增强植株长势和抗倒伏能力。在山地花菜发生多雨沤根和高温干旱的情况下，培土的对比作用特别明显，抗逆增产效果显著。生长过程一般应结合锄草、松土、施肥，培土1~3次。培土的方法是将畦沟泥土和预先堆在畦中间的泥土培于定植穴和株间，最终形成龟背形匀整的畦面。

4. 花球护理

采用束叶护花护理花球，在花球长至拳头大小时，将靠近花球的4~5张互生大叶拉近而不折断，再用1根至2根直径0.2~0.5厘米、长7~10厘米的小竹签、草秆、小柴秆等串编固定叶梢，防止盖花叶片散落，尽量使花球密不透光。

（五）病虫害防治

1. 主要病虫害

主要病害有霜霉病、软腐病、黑腐病、根腐病、根肿病等。主要虫害有斜纹夜蛾、甜菜夜蛾、小菜蛾、蚜虫、菜粉蝶（菜青虫）、黄曲条跳甲、烟粉虱、蜗牛等。

2. 防治原则

遵循"预防为主，综合防治"的植保方针，优先采用农业防治、物理防治、生物防治，合理使用化学农药。

3. 防治方法

（1）农业防治。选用抗（耐）病品种，避免与甘蓝类蔬菜连作，培育无病虫害壮苗，使用商品有机肥或经充分腐熟的农家肥，人工除草，清洁田园。花球采收后及时处理田间残留根茎及叶片，运至田外集中处理。选择酸性土壤（pH值<6），定植前每亩施用生石灰100千克，冬季翻耕冻土。

（2）生物防治。利用蜘蛛、寄生蜂、鸟、七星瓢虫等天敌防治虫害，使用苏云金杆菌等微生物农药防治虫害。

（3）物理防治。斜纹夜蛾、甜菜夜蛾专用诱捕器在田间放置间距为25米左右，放置高度以离地1米为宜；小菜蛾性诱捕器放置高于植株20厘米左右，每亩设置3~6套；蚜虫、烟粉虱等害虫可用黄板进行诱杀，每亩放置25~30块（规格为25厘米×40厘米）；选用杀虫灯诱杀斜纹夜蛾、甜菜夜蛾、小菜蛾等多种害虫，按每30亩放置1盏功率50瓦的杀虫灯；选用20~30目防虫网在整地前覆盖隔离害虫。

（4）化学防治。对症优先选用生物农药，适当选择高效低毒低残留的选择性农药。主要病虫害防治用药方案见表2-9。

表2-9　松花菜主要病虫害及防治农药

主要防治对象	农药名称	施用浓度（倍液）	施用方法	安全间隔期（天）	每季最多使用次数
猝倒病	72.2%霜霉威盐酸盐水剂	500~800	苗期喷雾	60	1
霜霉病	250克/升醚菌酯悬浮剂	625~1 125	大田期喷雾	14	1
	72%霜脲氰·锰锌可湿性粉剂	600	现蕾前喷雾	5	
软腐病	72%农用硫酸链霉素可溶粉剂	3 000~4 000	发病初期喷雾	2	2
	20%噻菌铜悬浮剂	150~200	发病初期喷雾		
	20%噻森铜悬浮剂	75~125	发病初期喷雾	14	3
甜菜夜蛾小菜蛾菜青虫	15 000IU/毫克苏云金杆菌悬浮剂	1 200~2 500	大田期喷雾		
	5亿个PIB/克甜菜夜蛾核型多角体病毒悬浮剂	275~375	大田期喷雾		
	300亿个PIB/克小菜蛾颗粒体病毒悬浮剂	500~600	大田期喷雾		
	1亿个PIB/毫克菜青虫颗粒体病毒原药	63~75	大田期喷雾		
	5%氯虫苯甲酰胺水剂	800~1 500	苗期、现蕾前喷雾	5	2
	2.5%多杀霉素悬浮剂	1 000	苗期、现蕾前喷雾	1	
	15%茚虫威悬浮剂	3 500	大田期喷雾	3	3
	1.8%阿维菌素悬浮剂	1 100~1 500	大田期喷雾	3	2
蚜虫	10%吡虫啉可湿性粉剂	1 500~2 000	现蕾前喷雾	7	
	5%啶虫脒乳油	1 500~2 000	现蕾前喷雾	7	

（六）采收与储藏

花球边缘花蕾松散时即可采收，要求花球外表无泥土等污染物，无病虫斑痕，无枯萎花蕾，无腐烂，无异味。采收后将花球倒置紧排放入0~4℃冷库，在松花菜上覆盖干净薄膜。冷藏保鲜期间保持冷藏温度稳定。

第九节　甜玉米

甜玉米是指具有特殊风味和品质的幼嫩玉米，也称水果玉米，和普通玉米相比它具有甜、嫩、香等特点，因而得到广大消费者的喜爱，种植效益较好，种植面积逐年扩大，具有良好的发展前景。

一、生物学特性

（一）形态特征

1.茎秆

玉米的秆直立，通常不分枝，高1.2~2.5米，基部各节具气生支柱根。须根系，除胚根外，还从茎节上长出节根：从地下节根长出的称为地下节根，一般4~7层；从地上茎节长出的节根又称支持根、气生根，一般2~3

层。主要分布在0~30厘米土层中，最深可达150~200厘米。茎直径2~4厘米，有节和节间，茎内充满髓，地上有8~20节，地下有3~7节，节间侧沟下方的节上着生腋芽，基部节间的顺芽可长成分枝。

2. 叶

全株一般有叶10~22片，叶身宽而长。叶鞘具横脉；叶舌膜质，长约2毫米，薄而短。叶片扁平宽大，线状披针形，剑形，互生，基部圆形呈耳状，无毛或具疣柔毛，中脉粗壮，明显，边缘微粗糙呈波状皱纹，正面有茸毛，叶片数与节数对等，叶片长80~150厘米，宽6~15厘米，叶路坚硬，有茸毛。叶窄而大，边缘波状，于茎的两侧互生。

3. 花

雌雄同株异花。雄穗开花一般比雌花吐丝早3~5天。雄花生于植株的顶端，为圆锥花序，分主轴与侧枝。雌花生于植株中部的叶腋内，为肉穗花序，外有苞叶，果穗中心有穗轴，充满髓质。小穗成对纵向排列，每一果穗一般有12~22行。雌蕊具极长而细弱的线形花柱，称花丝，长20~30厘米。

4. 果实

颖果球形或扁球形，成熟后露出颖片和稃片之外，其大小随生长条件不同产生差异，一般长5~10毫米，宽略过于其长，胚长为颖果的1/2~2/3。花果期多在夏秋季。玉米雌花小穗成对纵列后发育成两排籽粒。谷穗外被多层变态叶包裹，称作包皮。所以玉米的行数一般为偶数行。

（二）生长习性

1. 温度

玉米是喜温作物，全生育期要求较高的温度。玉米生物学有效温度为10℃。种子发芽要求6~10℃，低于10℃发芽慢，16~21℃发芽旺盛，发芽最适温度为28~35℃，40℃以上停止发芽。苗期能耐短期-2~3℃的低温。拔节期要求15~27℃，开花期要求25~26℃，灌浆期要求20~24℃。

2. 光照

玉米是短日照植物，在短日照（8~10小时）条件下可以开花结实。光谱成分对玉米的发育影响很大，据研究白天蓝色等短波光玉米发育快，而早晨或晚上以红色等长波光发育快。玉米为C_4植物，具有较强的光合能力，光的饱和点高。

3. 水分

玉米的植株高，叶面积大，因此需水量也较多。玉米生长期间最适降水量为410~640毫米，干旱影响玉米的产量和品质。而降水过多，影响根系生长，增加病害、倒伏和杂草危害，也影响玉米产量和品质的提高。玉米有强大的根系，能充分利用土壤中的水分。在温度高，空气干燥时，叶片向上卷曲，减少蒸腾面积，使水分吸收与蒸腾适当平衡。

4. 土壤

甜玉米对土壤要求较高。选择土质疏松，土层深厚，有机质丰富的沙质壤土，酸碱度适中的田块种植。玉米从抽雄前10天到抽雄后25~30天是玉米干物质积累最快、吸肥最多的阶段，这个阶段吸收占总吸肥量70%~75%的氮、60%~70%的磷和65%的钾。

二、品种选择

选择适应性强、果穗均匀、商品性好、特色明显、品质优的甜玉米品种。目前主要品种有先甜5号、金银208、金玉甜2号等。

（一）先甜5号（图2-36）

全生育期88天。株高217~248厘米，穗位高57~76厘米，穗长18.7~20.2厘米，穗粗4.7~5.4厘米，秃顶长1.2~2.2厘米。单苞鲜重296~438克，千粒重339~415克，出籽率72.61%。果穗圆筒，籽粒黄色，可溶性糖含量17.74%~19.09%。植株整齐、壮旺，株型半紧凑，前中期生长势极强，叶色浓绿，后期保绿度好，果穗粗大，穗形美观，籽粒饱满，甜度较高，果皮较薄，适口性较好。抗病性和抗倒性强，适应性广。

图2-36 先甜5号品种

（二）金银208（图2-37）

金银208为黄白双色超甜玉米，平均鲜穗亩产877.43千克。生育期81.3天，株高147.1厘米，穗位高28.7厘米，双穗率14.8%，空杆率0.0%，倒折率0.2%。果穗锥形，籽粒黄白色，穗长18.1厘米，穗粗4.5厘米，秃尖长1.1厘米，穗行数14.4行，行粒数32.6粒，单穗重208.1

克，净穗率72.1%，鲜千粒重346.9克，出籽率70.2%。口感好，甜度高，皮薄渣少，品质优。无感大斑病、茎腐病，抗小斑病，高抗纹枯病，高感心叶玉米螟。适合早春保护地栽培。

（三）金玉甜2号（图2-38）

该品种生育期（出苗至采收）85.3天，株高236.6厘米，穗位高77.6厘米，双穗率22.6%，倒伏率12.2%，倒折率1.6%。果穗筒形，籽粒黄色为主，间有白粒，排列整齐，穗长18.9厘米，穗粗4.8厘米，秃尖长0.9厘米，穗行数14.9行，行粒数32.0粒，鲜千粒重361.2克，单穗鲜重238.1克，出籽率69.5%。经农业部农产品质量监督检验测试中心检测，可溶性总糖含量11.2%，感官品质、蒸煮品质综合评分85.4分，鲜穗外观品质较好，甜度较高，皮较薄。经东阳玉米研究所抗性接种鉴定，中抗小斑病，感大斑病，高抗茎腐病，感玉米螟。

图2-37　金银208品种

图2-38　金玉甜2号品种

三、栽培技术

（一）田块选择

玉米在沙壤土、壤土、黏土上均可生长，以沙壤土最佳，土壤pH值以6.5~7.0最适，耐盐碱能力差。种植时宜选择地势高燥、土层深厚、肥力较高、排灌方便、酸碱适宜的壤土或沙壤土地块。

（二）隔离方式

甜玉米对品质要求较高，为防止混杂，最好连片种植或隔离种植，以免影响果穗的品质和色泽。露地栽培附近有种植不同类型、不同颜色的玉米时，应进行隔离种植。隔离种植办法主要有屏障隔离、空间隔离和时间隔离三种，屏障隔离主要是利用山岗、森林、房屋等自然屏障或大棚设施进行隔离；空间隔离要求同期播种的玉米隔离空间在500米以上，防止其他玉米品种花粉传入田间，保证产品品质；在没有屏障隔离或空间隔离时，需采用花期隔离，不同品种花期错开20天以上。

（三）播期选择

为了及早上市，或错开上市高峰，可以根据市场调节播期，早播可以采用大棚育苗移栽、地膜覆盖播种等方式，也可以二者结合。露地栽培，春季适播期为地温稳定在10℃以上，出苗期最好在当地的晚霜期过后。一般春播在3月中旬至4月下旬，设施栽培的可根据栽培条件提早到1月下旬到2月中旬；夏播在5月上中旬，秋播在7月中下旬至8月上旬为宜，500米以下的低海拔山区应避免在5月下旬至6月中旬播种。根据品种特性和不同海拔高度，选择适宜的播种期，可直播也可育苗移栽，设施栽培必须采用育苗移栽。

（四）播种育苗

1. 种子处理

尽量购买包衣种子，可以防治地下害虫及苗期的病害，播种时除去瘪粒、霉粒、破碎粒及杂质，防止田间缺苗、缺穗，影响产量。播前精选种子，选晴天晒种1~2天，以增强种子活力，有利于全苗。用种子重量40%的温水（35℃）拌种，以种子吸干水为止；或用500倍磷酸二氢钾溶液浸种1~2小时，提高出苗率，包衣种子不宜浸种。把经拌种或浸种的种子摊成2厘米厚，覆湿布保湿，置于25~28℃恒温箱催芽60小时，每天洒适量清水2~3次，挑选已露白的种子播种。

2. 穴盘育苗

用进口泥炭和珍珠岩按照3∶1配比充分混匀，或因地制宜，自行制作育苗基质，要求疏松、保肥、保水、营养完全。选用50孔或72孔穴盘，将配制好的基质装盘压实刮平，松紧度适宜，一穴一粒播种，覆基质，厚度为0.8~1厘米，浇透水。

（五）定植

定植前7~10天，结合整地施足基肥。为保证植株生长养分充足，须重施基肥，以每亩施商品有机肥1 000千克、三元复合肥50千克为宜，并盖好地膜。当苗龄22~25天，苗长至三叶一心时，选晴天定植，定植时大小苗分开，一般每亩种植2500~3500株，实际栽培密度可根据品种特性确定，早熟品种适当密植，晚熟品种适当稀植。

甜玉米种子的籽粒秕瘦，自身营养不足，幼芽顶土能力差，幼苗比较瘦弱，为了保证全苗，采用直播方式的应精细整地，足墒下种，适当浅播，一般掌握播种深度为2厘米左右。播种方式可采用宽窄行种植，宽行80厘米，窄行50厘米。同时适时穴盘备苗，备苗应根据大田播种时间，调整备苗的播种时间，防止补苗时移栽导致玉米弱苗，保证玉米田块的整齐度。

（六）田间管理

1. 肥水管理

采用直播方式栽培的甜玉米，整地时应施足底肥，增施有机肥，配方施肥。首先要施足底肥，每亩底施腐熟有机肥300~400千克，复合肥30~40千克，并施用适量的锌、硼等微肥；其次视苗追施拔节肥，即当玉米长到5叶期追施尿素；最后在大喇叭口时期结合培土重施攻穗肥，每亩施尿素、复合肥、硫酸钾各15千克，保证甜玉米穗大质优。温带型甜玉米由于生长期较短，全生长期内要求确保水分供应充足，遇干旱需及时灌水抗旱。

2. 除蘖疏穗

有分蘖特性的品种，打杈时间宜早不宜迟，一般要打2次以上，第一次在开始长出分蘖时进行，7~8天后再打一次，在6~8叶期及时除去所有分蘖；在吐丝期只保留最上一个雌穗，操作时尽量避免损伤主茎。

3. 辅助授粉

促早大棚栽培由于棚内通风不良和无昆虫自然传播花粉，授粉期需在上午9：00~11：00时，进行人工辅助授粉，以提高果穗商品品质和产量。棚内温度在35℃以上会影响花粉活力，应及时通风降温，以免高温造成籽粒缺粒。

4. 防止霜冻

山区秋播栽培情况下，生长后期气温下降较快，如在适宜采收前遇低温霜冻应搭盖大棚，覆膜保暖。如发生霜冻危害，用6000倍的芸薹素内酯液加1.5%尿素叶面喷雾促进恢复生长。

（七）病虫害防治

坚持预防为主、综合防治的原则，优先采用农业防治、物理防治和生物防治，化学防治应选择高效低毒低残留农药。

病害重点防治玉米大斑病、小斑病、纹枯病、锈病等。防治大斑病和小斑病可在发病初期用70%代森锰锌可湿性粉剂500倍液，或10%苯醚甲环唑可湿性粉剂1000倍液喷雾，每7~10天喷一次，连续喷施2~3次；防治纹枯病可在茎秆基部用5%井冈霉素水剂300~500倍液，或24%噻氟酰胺悬浮剂1500倍液喷雾；防治锈病可在发病初期用25%嘧菌酯悬浮剂1500倍液，或70%代森联水分散粒剂700倍液喷雾，每7~10天喷一次，连续喷施2~3次。

虫害重点防治地老虎、蚜虫、玉米螟等。防治地老虎可在幼虫盛期每亩撒施1%联苯·噻虫胺颗粒剂3千克；防治蚜虫可用20%啶虫脒可溶液剂2000倍液，或10%吡虫啉可湿性粉剂2000倍液细喷雾；防治玉米螟可用24%甲氧虫酰肼悬浮剂2000倍液，或5%氯虫苯甲酰胺悬浮剂2000倍液灌芯或以心叶为主交替喷雾。从吐丝至采收时间较短，吐丝后严禁用药，以确保青苞质量和食用安全。

（八）适时采收

甜玉米由于是采收嫩穗，且对品质要求高，适宜采收期短，采收过早，干物质和各种营养成分不足，营养价值低，采收过晚，表皮变硬，口感变差。甜玉米品种的收获最佳期只有2~3天。一般在甜玉米花丝变褐，用手指挤压玉米粒，玉米粒凹陷仅有少量乳浆溢出为适宜采收期，此时籽粒充分膨大饱满、甜度高、水分足、色泽亮丽。根据不同品种春播在授粉后18~22天时收获，秋播20~25天时收获。同时可分批采收，采收后不宜久放，最好做到当天采收当天销售，如需远距离销售，必须采取一定的保鲜措施，如及时速冻，以免糖分转化，水分蒸发，造成鲜度和品质下降，降低其商品性。

第十节　速生叶菜

杭州市平地速生叶菜主要是在夏秋高温期间栽培，以设施栽培为主，生长周期短，一般只有25~35天，病虫危害重、常受极端天气影响，栽培技术要求高，主要供应淡季的叶菜类。而山地栽培相比平地病虫害少，栽培相对较容易。速生叶菜种类较多，包括大白菜、青菜、苋菜、空心菜、生菜等，本节仅介绍本地区夏季栽培最为普遍的苗用型大白菜栽培技术。

一、生物学特性

（一）形态特征

1. 根

叶菜类品种的根系均属于直根系，主根较发达，上粗下细，其上生有侧根和根毛。主根向地下直立伸长，主根上生有两列侧根，上部所生的侧根长而粗，下部侧根短而细。由主根和侧根形成一个上部大，下部小的圆锥形根系。主要吸收根系在距地表7~30厘米左右处最为旺盛。

直播叶菜类的主根发达，可使根系扎得深，而育苗移栽的主侧根被切断，主根扎得浅，但侧根分级和数量较多，形成了较密集的根群。中耕措施适当时，可以促进根系密集，促进水分和养分吸收。

2. 茎

叶菜类品种的茎是把根和叶子联系在一起的营养器官，在种子发芽后，展开一对子叶后就有了幼茎。当幼苗继续生长，发生8~10片真叶时的幼茎用肉眼已可分辨，但还极短或不很明显。当叶菜类的幼苗通过春化处理，或是在适宜的温度与光照条件下会抽出花茎，这种茎有明显的节和节间分化，在节上着生有绿色的叶片，茎部组织柔嫩，水分含量较高，茎的顶部形成花芽，到盛花期时，茎的下部逐渐木质化，变得更加坚韧。

3. 叶

叶菜类品种的叶片因在植株上生长的位置和生理机能的不同，表现出各种形态，具有多型性。先长的叶片在外，后长的叶片在内，叶片呈绿色至淡绿色。

4. 花

叶菜类品种的花由花梗、花托、花萼、花冠、雄蕊群和雌蕊组成的。花序为复总状花序，在这个花序的顶端可无限生长，生有互生的多数总状单轴花组，开花的顺序是由茎部向顶部开放。花期20~30天，主枝上的花先开，然后是一级侧枝和二级侧枝顺序开放。

5. 种子

叶菜类品种的果实为长角果，长3~6厘米，一枝花序可着生荚果50~60个，授粉后到种子成熟需30~40天，过程容易裂果，成熟的荚果易纵裂而使种子散落。一个荚果中可着生种子30粒左右。种子呈圆球形，微扁，红褐色至褐色，或黄色。直径一般1.3~1.5毫米，千粒重2~3.5克。

（二）生长习性

1. 温度

叶菜类品种从播种到成熟的各个时期，对于温度的具体要求是各不相同的。一般发芽期最适宜温度为20~25℃，幼苗期为22~25℃，成长期为17~22℃。有的品种耐寒性较强，耐热性较弱；有的品种耐热性较强，耐寒性较弱。

叶菜类品种各生长期不仅要求适宜的温度，而且要有足够的适温日期，才能使各器官都能充分地生长。在适温范围内，纬度较高能在较少的天数内得到足够的积温，生长迅速。温度较低则需要较多的天数才能得到足够的积温，因此生长缓慢。

2. 光照

光照是叶菜类品种进行光合作用的能量来源，对它的生长发育有多方面的效应。叶菜类品种需要中等光照强度，光照强度对叶片的开展度和直立性的形成有一定的关系，强光使叶开展，弱光使叶直立。强光能加强光合作用，所以气候温和，天气晴好，光照充足的条件，有利于叶菜类品种生长。

3. 水分

水分对叶菜类品种生长十分重要，叶菜类品种叶片较多，叶面积大，其蒸腾量也大。叶菜类品种地上部分含水量在90%~96%，根部较少，也在80%上下。因此，在整个生长过程中，对水分的要求较高，一般应保持土壤15%~20%的绝对含水量。叶菜类品种对水分的要求，在各个生长时期也互不相同，生长时期苗小，叶片也小，需水量也较少，在生长后期，叶片增多，叶面积增大，需要水分也增加，土壤绝对含水量应保持在19%~21%比较合适。

4. 土壤

叶菜类品种根系分布较浅，对土壤要求比较严格，要求富含有机质、保水力和保肥力较好而且疏松的土壤，以促进根系发育，方便耕作。最好的土壤是上层有厚达50厘米质地适中的轻壤土，沙黏比为2∶3。土壤结构含粒径2~3毫米的水稳性团粒结构多，分散系数低而团聚度高。土壤持水空隙与空气空隙为（1~1.3）∶1。同时土壤底层宜有较黏重的土质，防止水分渗漏。砂性强的土壤，苗期生长良好而后期生长不良。黏性较强的土壤，易于板结，雨水多时常发生涝害，造成死苗现象严重。叶菜类品种对土壤酸碱度的要求是微酸性到中性。只有在高度熟化的菜园土中，具有良好的物理和化学性状，含有机质多，土壤疏松肥沃，透气性和保肥性好的土壤中，才能生产出高产优质的叶菜类品种。

二、品种选择

夏季栽培苗用型大白菜应选择抗病、耐热、耐湿、生长速度快、叶片无毛的大白菜品种，如早熟5号、双耐、浙白6号等。

（一）早熟5号（图2-39）

早熟，耐热、耐湿，高抗病毒病、霜霉病、软腐病、炭疽病，适于高温、多雨时期作小白菜栽培，播种期弹性大。播种后25天左右就可收获，也可早秋作结球白菜栽培，生长期50~55天，叶球重1.5千克左右。

图2-39　早熟5号品种

（二）双耐（图2-40）

株型紧凑，叶长和宽分别为27厘米和17厘米左右，叶色浅绿，叶面光滑、无毛；叶片厚、口感糯、品质优良；抗性接种鉴定抗病毒病和软腐病、高抗霜霉病和黑斑病；较耐抽薹；生长势旺，生长速度快。一般播种后30天可陆续采收，高温季节播种后25~30天采收。

图2-40　双耐品种

（三）浙白6号（图2-41）

生长势强、生长速度快；叶片光滑、无毛、翠绿、较长型；叶质糯、风味佳、株型美观、品质优良；较耐热耐寒、适应性广、抗病性强；适于作小白菜周年栽培，冬春季比同类小白菜品种丰产20％以上。播种期弹性大，杭州市4~10月均可播种，增加保护设施可周年栽培。

图2-41　浙白6号品种

三、栽培技术

（一）地块选择

选择土层深厚、疏松肥沃、富含有机质、排灌方便、中性或微酸性沙质壤土。山地种植地块所处位置朝向以东坡、南坡、东南坡为宜。

（二）整地作畦

选择土壤肥沃、排灌条件较好的地块，深翻作畦，畦宽1.5米，深沟高畦；并结合整地，每亩施有机肥1 000千克，或施有机肥500千克、复合肥50千克作基肥；使土壤肥力一致，天旱要灌足底水，以利种子发芽出苗；清除田间及四周杂草，土壤消毒处理，以防虫卵滋生繁衍。

（三）播种

设施条件下4—9月均可播种，上市期正值市场供应淡季。以撒播为主，每亩用种量为250~300克，播后浅耙畦面并浇水，覆盖遮阳网。3~4天幼苗出土后，揭除遮阳网。出苗后5天左右拉十字时，间苗1次，过一周进行第2次间苗，最终保留苗间距7~8厘米。

（四）栽培方式

采用大棚顶膜加防虫网栽培，可大大减轻病虫害发生，减少农药等投入品的使用。防虫网规格以银灰色网、网眼以20~22目为好。为切断害虫危害途径，防虫网应采用全程全封闭覆盖，要先覆盖网后播种。盖网前进行土壤深翻。覆网时，防虫网的四周要压严，防止害虫潜入产卵。播种前进行土壤消毒，杀死残留在土壤中的害虫和虫卵。

（五）田间管理

1. 除草

播前5~7天每亩用33%二甲戊乐灵乳油100~150毫升，对水40~50千克细喷雾；或播后芽前，禾本科杂草3~5叶期，可用5%精喹禾灵乳油50~70毫升对水30~40千克喷雾。

2. 水肥管理

夏季干旱出苗困难，播前水浇透，在出苗前每天早晚浇水2次，生长中后期视干旱情况，在早晨、傍晚或夜晚灌水，不要漫灌，可采用泼浇，或沟灌，有条件的可采用微滴灌和喷灌；多雨季节应注意开沟排水，保证田间不积水。速生叶菜生长期短，在施足基肥的情况下一般不需要追肥。

（六）病虫害防治

1. 主要病虫害

苗用型大白菜主要病害为霜霉病、软腐病，主要虫害为蚜虫、烟粉虱、小菜蛾、菜青虫、斜纹夜蛾、甜菜夜蛾、黄条跳甲。

2. 防治原则

病虫害防治按农药安全使用标准GB4285、农药合理使用准则GB/T 8321的有关规定。贯彻"预防为主，综合防治"的植保方针，推广坚持"以农业防治为基础，物理防治、生物防治和化学防治相协调"的无害化原则。

3. 防治方法

（1）农业防治。收后及时处理残株、老叶和杂草，清洁田园，销毁病虫残枝败叶，减少虫源。

（2）物理防治。采用20~22目银灰色防虫网进行全网覆盖或网膜结合覆盖栽培在辅以杀虫灯、性诱剂和黄板诱杀，可避免害虫直接危害或入内产卵为害，生产上做到不用（或少用）化学农药，生产无公害蔬菜。

（3）生物防治。利用捕食性天敌和寄生性天敌防治害虫。用真菌、细菌、病毒等病源微生物及其生理活性物质防治病虫害，如苏云金杆菌、阿维菌素、农用链霉素；用印楝素、烟碱、除虫菊素等植物源农药防治害虫。

（4）化学防治。农药使用选用高效低毒低残留化学农药。使用时要注意对症下药、交替用药，不盲目加大用药量，严格遵守农药安全间隔期。严禁使用高毒高残留农药及其混合配剂和蔬菜上禁止使用的其他农药。主要病虫害防治见表2-10。

表2-10 速生叶菜主要病虫害及防治农药

主要防治对象	农药名称	施用浓度（倍液）	施用方法	安全间隔期（天）	每季最多使用次数
霜霉病	70%代森联干悬浮剂	500	喷雾	4	3
	80%代森锰锌可湿性粉剂	600~700	喷雾	15	2
	30%烯酰吗啉悬浮剂	1 000	喷雾	7	2
软腐病	8%宁南霉素水剂	800	喷淋或灌根	10	1
	72%新植霉素乳油	4 000	喷淋或灌根	7	3
病毒病	20%吗啉胍·乙铜可湿性粉剂	800	喷雾	7	4
	10%吗啉胍·羟烯水剂	1 000	喷雾	7	2
	0.5%香菇多糖水剂	600	喷雾	7	3
小菜蛾菜青虫	5%氯虫苯甲酰胺悬浮剂	1 000	喷雾	1	2
	60克/升乙基多杀菌素悬浮剂	2 000	喷雾	7	3
	5%虱螨脲乳油	1 000	喷雾	7	1
斜纹夜蛾甜菜夜蛾	5%虱螨脲乳油	1 000	喷雾	7	1
	240克/升甲氧虫酰肼悬浮剂	3 000	喷雾	14	2
	240克/升氰氟虫腙悬浮剂	800	喷雾	7	2
蚜虫	10%吡虫啉可湿性粉剂	2 000	喷雾	7	2
	10%烯啶虫胺水剂	1 200	喷雾	7	2
	10%啶虫脒微乳剂	2 000	喷雾	7	3
烟粉虱	24%螺虫乙酯悬浮剂	1 500	喷雾	1	3
	22%氟啶虫胺腈悬浮剂	1 500	喷雾	3	2
	20%啶虫脒微乳剂	3 000	喷雾	8	3
黄条跳甲	240克/升氰氟虫腙悬浮剂	800	浇施	7	2
	240克/升甲氧虫酰肼悬浮剂	3 000	浇施	14	2
	10%溴氰虫酰胺可分散油悬浮剂	2 000	浇施	7	2

（七）适时采收

苗用型大白菜播后25~28天开始采收，可根据市场行情陆续采收。采收宜在早晨或傍晚进行。

第三章　山地蔬菜栽培生态新技术

第一节　避雨栽培

避雨栽培是以避雨为目的的一种新的栽培方式，即在作物上方覆盖薄膜等透明覆盖材料，同时又保证良好的通风和光照条件满足植株正常生长。相比露地栽培，告别了"靠天吃饭"的生产方式，虽然成本有所增加，但增产、增收效果明显。

一、避雨栽培的优点

夏季气温高、雷暴雨频发，并时有台风影响，这样的天气条件对蔬菜生长非常不利。在夏季蔬菜栽培上采用避雨设施栽培，即在大棚的基础上去掉裙膜保留顶膜，利用大棚骨架覆盖遮阳网、防虫网进行栽培，创造一个相对适合蔬菜生长的环境，具有减少病虫害、改善品质、提高产量以及防止水土流失等优点。

二、避雨栽培的蔬菜种类

避雨栽培的蔬菜种类，主要是喜冷凉的小白菜、青菜、菜心、苋菜、芹菜、芫荽等绿叶类蔬菜，还有夏季瓜类，如黄瓜、瓠瓜、西瓜、甜瓜等，以及部分喜温蔬菜，如番茄的春延后栽培。

三、避雨栽培的技术要点

（一）设施准备

利用大棚原有的骨架，在骨架的顶部盖上塑料薄膜，或者再盖上遮阳网和防虫网，防虫网可全棚覆盖或作围裙，有条件者可安装喷灌设施。

（二）播种

越夏避雨栽培的播种时间一般在6—8月。由于天气逐渐炎热，水分蒸发越来越多，播种的方法要视天气条件和作物种类决定。播种期在7月中旬以前的，可采用育苗移栽的方法。播种期在7月下旬以后的，因育苗移栽成活困难，提倡直播。直播有时采用套种于前作之中。采用直播的蔬菜，必须在播种前施足有机肥作底肥，以利于土壤的保水保肥。

（三）栽培管理

根据气候条件，及时覆盖遮阳网、防虫网等；夏季温度高，蔬菜生长速度快，田间管理应及时。此时栽培管理措施应以避雨降温、减轻病害为中心。

（四）病虫害防治

采用避雨栽培，空气相对湿度降低，霜霉病、炭疽病、灰霉病等因空气湿度大引起的病害一般不易发生；青枯病、根结线虫病等土传病害如及时处理也不会蔓延；防虫网全棚覆盖或作围裙起到防虫隔离作用，基本可避免当季害虫的危害，因此主要采用色板、性诱剂等物理、生物措施防治病虫害。若发现病株及时处理，最好采用滴灌浇水，防止病害随水蔓延。

四、避雨栽培的效果

采用避雨栽培，可以起到以下几方面的效果（图3-1）。

（一）改善环境条件

夏季是台风、暴雨较为集中的时节，大雨所产生的冲刷力对蔬菜的生长非常不利，种子和幼苗被冲毁，肥料和土壤的流失，根系裸露，土壤板结。大棚顶膜和遮阳网等的覆盖能有效防止、减少或降低上述现象的发生，同时，还能遮挡夏季强烈的阳光，起到遮阴降温的作用，改善局部的小气候，使得蔬菜能较为正常的生长发育。

（二）减轻病虫为害

由于避免了雨水的冲刷和浸泡，依靠雨水或土壤传播的病害不易蔓延，使得病害的发生大为减轻。同时，一些生理性的病害，如日灼病和裂果等也不易发生。银灰色遮阳网的避蚜作用可降低病毒病的发生，防虫网覆盖基本可避免当季虫害的为害。

（三）优质增产

因小气候得到改善，蔬菜的生长发育比较正常，加上病害发生减少，产量及品质都得到明显的提高和改善。同时又减少了露地栽培因遇雨临时搭建遮雨棚、补播种和补苗，以及喷农药防治病虫害等大量工作，省工省本，提

图 3-1　避雨栽培

高工效。避雨栽培后期还可以起到保温增温效果，延长采收期，产量得到明显提高。

（四）增加经济效益

采用避雨栽培，一是可以降低病虫害发生几率和施肥用药不受天气影响，施用效果增加、施用量和施用频率减少，减低农业投入品成本和田间劳动力成本；二是提高产量和商品性，市场售价和总经济效益也随之增高。

第二节　微蓄微灌

山地微蓄微灌是利用山区天然地势高差获得输水压力供给地势低处的田块进行微灌。即在田块上坡位建造一定体积的蓄水池，通过连接蓄水池的塑料管道和田间滴灌系统，利用山地自然落差产生的输水压力，在免除外加能源动力的情况下，对下坡田块形成自流灌溉。这种灌溉方式不耗电，不用灌溉动力设备，投资成本低，十分适合山区、半山区等非平坦地形的蔬菜生产。

采用高山自流式微蓄微灌系统模式，即在田块上坡建造一定大小容积的蓄水池（一般以50~120立方米为宜），通过引水形成"微蓄"，再用塑料输水管安装连接到下坡田块（高差在5~20米）的微灌系统，利用地势高差获得输水压力，

一、系统构成

水源−引水过滤池−塑料输水管−蓄水池−塑料输水管−阀门−过滤器−PE黑管−旁通−滴灌管−堵头。

二、微蓄微灌建设

（一）引水池（图3−2）

根据水源的大小而定，一般5~15立方米，其作用是过滤、沉淀泥砂及枝叶。

（二）输水管

口径大小根据水源流量、灌溉面积以及水源与蓄水池之间的高差而定，既要保证有充足引水量，又要经济合理；铺设引水管时，应尽量顺坡而下，不要起伏太大，埋设深度

图3-2 引水池

应在地下40厘米以下，一般不宜埋在沟边、路中，以防受损；应根据灌溉输水需要安装各级分管、分阀门以及到田块的子阀门，以便调节水压及分区灌溉；子阀门出口安装过滤器后再与田间的微灌系统相连。过滤器是滴灌系统长期安全使用的重要保障，必不可少。

（三）蓄水池（图3−3）

蓄水池与灌溉菜地的落差应在10米以上，蓄水池的大小根据水源、

需灌溉面积确定，一般以50~120立方米为宜；以钢筋混泥土结构为最好，池体应深埋地下，地上部分不宜超过1/3，以确保水池牢固、节约建造成本；建池时要安装好供水阀、洗池阀，选好排水管出口，建成后宜加盖池顶，以确保安全和水质；蓄水池使用寿命10年以上。

图3-3 蓄水池

（四）滴灌管

使用时应放置平整，滴孔朝上，防止尖锐物扎破及重压磨损管壁；使用期间应定期冲洗，去除杂质；用完后及时收回并小心存放。

三、微蓄微灌形式

（一）滴灌（图3-4）

滴灌是利用塑料管道将水通过直径约10毫米的毛管上的孔口或滴头送到作物根部进行局部灌溉。它是目前干旱缺水地区最有效的一种节水灌溉方式，水的利用率可达95％。滴灌较喷灌具有更高的节水增产效果，同时可以结合施肥，提高肥效一倍以上。适用于果树、蔬菜等经济作物以及温室大棚灌

图3-4　滴灌

溉，在干旱缺水的地方也可用于大田作物灌溉。其不足之处是滴头易结垢和堵塞，因此应对水源进行严格的过滤处理。

滴灌具有节水、节肥、省工、便于温湿度控制、有利于保持土壤结构和改善产品质量、促进增产增效等优点。由于减少了大量灌溉用水，显著降低了棚室内空气湿度，病害发生也受到相应抑制，农药施用量显著降低，可明显改善产品的质量。总之，较之传统灌溉方式，温室或大棚等设施园艺采用滴灌后，可大大提高产品产量，提早上市时间，同时减少了水肥、农药和劳力等成本投入，经济效益和社会效益十分显著。

（二）管灌

管灌是棚室生产中采用的另一种节水灌溉方式。就是用软管一端连接水源，另一端直接浇灌蔬菜植株。这种灌溉方式，避免了传统漫灌使灌溉用水在浇水的途中大量渗漏的缺点，节约了水资源，显著降低了棚内湿度，可有效抑制病害发生。

（三）膜下暗灌

膜下暗灌就是棚室内所种蔬菜一律采取起垄栽培，在定植（播种）后接

着用地膜将两垄覆盖，使两垄间形成空间，灌水时控制在膜下进行。这是早春或深冬棚室蔬菜保持地温、降低棚内湿度、控制病害发生的重要措施。在膜下进行暗灌时，一定要水流稳，不使水流冲出膜外和膜上，更要注意不能进行大水漫灌。另外，在膜下暗灌时还可随水流冲施液体化肥，减少有害气体的副作用。在操作中要保证膜下细流暗灌畅通，覆膜时，一定要绷紧和保证覆膜质量，使其膜下流水畅通无阻。

（四）渗灌

渗灌是利用地下管道系统将灌溉水输入田间埋于地下一定深度的渗水管道，借助土壤毛细管作用湿润土壤的浇水方法。渗灌具有以下优点：灌水后土壤仍保持疏松状态，不破坏土壤结构，不产生土壤表面板结，为作物提供良好的土壤水分状况；地表土壤湿度低，可减少地面蒸发；管道埋入地下，可减少占地，便于交通和田间作业，可同时进行灌水和农事活动；灌水量省，灌水效率高；能减少杂草生长和减轻植物病虫害程度；渗灌系统流量小，压力低，故可减小动力消耗，节约能源。其主要缺点是：表层土壤湿度较差，不利于作物种子发芽和幼苗生长，也不利于浅根作物生长；投资高，施工复杂，且管理维修困难；一旦管道堵塞或破坏，难以检查和修理；易产生深层渗漏，特别对透水性较强的轻质土壤，更容易产生渗漏损失。因此，采用这种方法一定要根据当地设施投入和土壤结构等实际情况条件进行考虑。

（五）微喷

微喷又称为微喷灌溉，是用很小的喷头（微喷头）将水喷洒在土壤表面。微喷头的工作压力与滴灌滴头差不多，它是在空中将水呈细雾散开。但是它比起滴灌而言，湿润面积大，水的流量要大一些，喷孔也更大一些；出流流速比滴灌滴头大得多，堵塞的可能性大大降低。

第三节　穴盘基质育苗

育苗是蔬菜栽培的关键环节，也是促进蔬菜产业又好又快发展的基础环节。穴盘育苗是目前生产上快速发展的一项新型蔬菜育苗技术，采用不同规格的塑料穴盘，以草炭、蛭石、珍珠岩等轻质材料做基质，通过精量播种，达到一次成苗的目的。具有节本省工、操作简便、抗灾能力强、无土传病害、缓苗快、幼苗定植成活率高、便于远距离运输、有利于规范化管理等优点，既适合集约化育苗，又适于分户生产，应用前景良好。

一、穴盘选择

穴盘是工厂化穴盘育苗的重要载体，必不可少。按取材不同分为聚苯泡沫穴盘和塑料穴盘。由于轻便、节省面积的原因，塑料穴盘的应用更为广泛（图3-5）。一般塑料穴盘的尺寸为54厘米×28厘米，一张穴盘可有20、32、50、72、128、200、288、400、512个育苗孔。根据不同蔬菜育苗特点选用适宜规格的穴盘。一般瓜类如南瓜、西瓜、冬瓜、甜瓜、黄瓜，多采用50穴，有时会采用32穴或72穴；茄科蔬菜如番茄、辣椒采用50穴和72穴；叶菜类蔬菜如松花菜、青花菜、甘蓝、青菜、生菜、芹菜可采用72穴或128穴。重复使用的穴盘可

图3-5　穴盘基质育苗

能会残留一些病原菌、虫卵，使用前一定要进行清洗、消毒。先清除穴盘中的残留基质，并用多菌灵500倍液浸泡12小时或用高锰酸钾1 000倍液浸泡30分钟进行消毒，然后用清水漂洗干净。

穴盘越小，穴盘苗对土壤中的湿度、养分、氧气、pH值、EC值（可溶性盐浓度）的变化就越敏感。而穴孔越深，基质中的空气就越多，就有利于透气、淋洗盐分以及透气，有利于根系的生长。基质至少要有5毫米的深度才会有重力作用，使基质中的水分渗下，空气进入穴孔越深，含氧量就越多。穴孔形状以四方倒梯形为宜，这样有利于引导根系向下伸展，而不是象圆形或侧面垂直的穴孔中那样根系在内壁缠绕。较深的穴孔为基质的排水和透气提供了更有利的条件。

有些穴盘在穴孔之间还有通风孔，这样空气可以在植株之间流动，使叶片干爽，减少病害的发生，保证整盘植株长势均匀、健壮。

穴盘的颜色也影响着植株根部的温度。一般冬春季选择黑色穴盘，因为

可以吸收更多的太阳能，使根部温度增加。而夏季或初秋，就要改为银灰色的穴盘，以反射较多的光线，避免根部温度过高。而白色穴盘一般透光率较高，会影响根系生长，所以很少选择白色穴盘。当然白色的泡沫穴盘可以例外。

二、基质选择和使用

（一）基质选择

育苗基质应具备幼苗生长所需的理化性能，要求无病菌、无虫卵、无杂质，有良好的保水性和透气性。好的基质应该具备以下特性：理想的水分容量；良好的排水能力和空气容量；容易再湿润；良好的孔隙度和均匀的空隙分布；稳定的维管束结构，少粉尘；恰当的pH值5.5~6.5；含有适当的养分，能够保证子叶展开前的养分需求；极低的盐分水平，EC要小于0.7(1：2稀释法)；基质颗粒均匀一致；无植物病虫害和杂草；每一批基质的质量保持一致。颗粒较小的蛭石作用是增加基质的保水力而不是孔隙度。要增加泥炭基质的排水性和透气性，选择加入珍珠岩。相反，如果要增加持水力，可以加入一定量的小颗粒蛭石。

（二）基质配比

穴盘育苗主要采用轻型基质，如草炭、蛭石、珍珠岩等。草炭的持水性和透气性好，富含有机质，而且具有较强的离子吸附性能，在基质中主要起持水、透气、保肥的作用；蛭石的持水性特别出色，可以起到保水作用，但蛭石的透气性差，不利于根系的生长，全部采用蛭石容易沤根；珍珠岩吸水性差，主要起透气作用。三种物质的适当配比，可以达到最佳的育苗效果，一般的配比比例为草炭：蛭石：珍珠岩＝3：1：1。

（三）基质填充

穴盘基质填充要注意以下几点：一是基质在填充前要充分润湿，湿度一般以60％为宜，用手握一把基质，没有水分挤出，松开手会成团，但轻轻触碰，基质会散开。如果太干，将来浇水后，基质会塌沉，造成透气不良，根系发育差。二是各穴孔填充程度要均匀一致，否则基质量较少的穴孔干燥的速度比较快，从而使水分管理不均衡。三是播种瓜类等大粒种子的穴孔基质不可填充太满。四是避免挤压基质，否则会影响基质的透气性和干燥速度，而且由于基质压得过紧，种子会反弹，导致种子最终发芽时深浅不一。

（四）打孔播种

打孔播种要注意以下两点：一是打孔的深度要一致，保证播种的深度一致。二是种子越大，播种的深度就越深。

（五）均匀覆盖

常见的几种蔬菜种子都需要在黑暗条件下才能顺利萌发，所以选择恰当的覆盖物也很重要。覆盖物的选择要考虑几个方面：可以提高种子周围的湿度、保持良好的透气能力，以给种子提供足够的氧气。推荐使用大颗粒的蛭石作为覆盖物。而珍珠岩覆盖容易滋生青苔。

三、水质要求

水质是影响穴盘育苗的重要因素之一，由于穴格介质少，对水质与供给量要求较高。水质不良对作物将造成伤害，轻则减缓生长、降低品质，严重时导致植株死亡，一般选择生产用水的pH值在5.5~6.5的水质为最佳，因为绝大多数营养元素和农药在此范围下是有效的，超出这个范围的有效性便会大大降低。水的碱度则代表其缓冲能力，如果碱度太低，则基质pH值会随化肥的酸碱度而大范围浮动。从而可能导致某些微量元素缺乏或中毒，如果碱度太高，也容易导致某些微量元素缺乏，如铁、硼等。生产用水的EC值要求小于0.4ms/cm。

四、播种和催芽

穴盘育苗生产对种子的质量要求较高。出苗率低，造成穴盘空格增加，形成浪费，出苗不整齐则使穴盘苗质量下降，难以形成好的商品。因此，蔬菜穴盘育苗通常需要对种子进行预处理。一般的种子可采用先浸种催芽再播种的方法，育成均匀整齐的壮苗，发挥穴盘育苗的优势。种子处理的方法包括精选、温烫浸种、药剂浸（拌）种、搓洗、催芽等。

五、播种后初次浇水

播种后初次浇水有两个选择。

一是种子在苗床上萌发，要先浇少量的水，待穴盘全部移至苗床后，再浇下一次透水。

二是如果种子在催芽室或简易催芽空间（草苫覆盖保湿后），在进入催芽室之前要浇透水。建议用雾化喷头或喷水细密的喷头。

六、苗床管理

工厂化穴盘育苗的水肥管理是育苗的重要环节，贯穿于整个育苗过程。

穴盘育苗供水最重要的是均匀度，一般规模较小的育苗场以传统人工浇灌方式，此法给水均匀但费工、费时且施肥困难，成本高。目前，专业化的育苗公司多采用走式悬臂喷灌系统，可机械设定喷洒量与时间，洒水均匀，无死角、无重叠区，并可加装稀释定比器配合施肥作业，解决人工施肥的困难。在大规模育苗时，穴盘苗因规格小，每株幼苗生长空间有限，穴盘中央的幼苗容易互相遮蔽光线及湿度高造成徒长，而穴盘边缘的幼苗通风较好而容易失水，边际效应非常明显。因此，维持正常生长及防止幼苗徒长之间，水量的平衡需要精密控制。

穴盘苗发育阶段可分为四个时期：第一时期，种子萌芽期；第二时期，子叶及茎伸长期（展根期）；第三时期，真叶生长期；第四时期，炼苗期。每个发育生长时期对水量需求不一，第一时期对水分及氧气需求较高，以利发芽，相对湿度维持95%~100%，供水以喷雾粒径15~80微米为佳。第二时期水分供给稍减，相对湿度降到80%，使介质通气量增加，以利根部在通气较佳的介质中生长。第三时期供水应随苗株成长而增加。第四时期则限制给水以健化植株。

在实际育苗水分管理上应注意几点事项：一是阴雨天日照不足且湿度高时不宜浇水；二是浇水以正午前为主，下午15:00时后绝不可灌水，以免夜间潮湿徒长；三是穴盘边缘苗株易失水，必要时进行人工补水。

工厂化穴盘育苗，由于容器空间有限，需要及时地补充养分。目前，有许多市售的水溶性复合化学肥料，具有各种配方，皆可溶于灌溉水中进行施肥，十分方便。可依不同作物、不同苗龄交替施用，若以营养液方式高频度施用，其浓度约在25~350毫克/千克。子叶及展根期可用氮磷钾含量为20-10-20+碲（微量元素）或20-20-20+碲或14-0-14-6钙-3镁的全水溶肥50毫克/千克，并根据水质及长势及时调整配方；真叶期用量可增为125~350毫克/千克；成苗期目的在健化苗株，应减少施肥，增施硝酸钙。

施肥管理，一般栽培时易施肥过量，幼苗会产生盐害凋萎，或抑制幼苗正常生长，必须用清水大量淋洗介质，把多余盐分洗出。另外，很多商品介质已添加肥料，使用前应先了解成分。

七、穴盘育苗的矮化

蔬菜穴盘育苗地上部及地下部受空间限制，往往造成生长形态徒长细弱，为穴盘育苗生产品质上最大的缺点，也是无法全面取代土播苗的主要原因，所以如何生产矮壮的穴盘苗是目前努力追求的方向。一般可利用控制光线、温度、水分等方式来矮化秧苗。

（一）光线

植物形态与光线有关，植物自种子萌发后若处于黑暗中生长，易形成黄化苗，其上胚轴细长、子叶卷曲无法平展且无法形成叶绿素，植物接受光照后，则叶绿素形成，叶片生长发育，且光线会抑制节间的伸长，故植物在弱光下节间伸长而徒长，在强光下节间为短缩。不同光质亦会影响植物茎的生长，能量高、波长较短的红光会抑制茎的生长，红光与远红光影响节间的长度。因此，在穴盘育苗生产上，要考虑成本，不宜人工补光，但在温室覆盖材质上，必须选择透光率高的材料。

（二）温度

夜间的高温易造成种苗的徒长。因此，在植物的许可温度范围内，尽量降低夜温，加大昼夜温差，有利于培养壮苗。

（三）水分

适当的限制供水可有效矮化植株并且使植物组织紧密，将叶片水分控制在轻微的缺水下，使茎部细胞伸长受阻，但光合作用仍正常进行，这样便有较多的养分蓄积至根部，用于根部的生长，可缩短地上部的节间长度，增加根部比例，对穴盘苗移植后恢复生长极为有利。

（四）常用的生长调节剂

常用的生长调节剂有比久、矮壮素、多效唑、烯效唑等。另外，农药粉锈宁的矮化效果也好，但不宜应用于瓜类，否则易产生药害。比久的化学成分容易在土壤中分解，因此，通常使用叶面喷施，使用浓度为1 000~1 300毫克/千克。矮壮素的使用浓度为100~300毫克/千克，多效唑一般使用浓度为5~15毫克/千克，烯效唑的使用浓度是多效唑的1/2。不同苗龄、温度及蔬菜种类对生长调节剂的敏感度不同，应根据实际情况适当调整使用浓度。

八、穴盘苗的炼苗

穴盘苗由播种至幼苗养成的过程中水分或养分几乎充分供应，且在保护设施内幼苗生长良好。当穴盘苗达到出圃标准，经包装贮运定植至无设施条件保护的田间，面对各种生长逆境，如干旱、高温、低温、贮运过程的黑暗弱光等，往往造成种苗品质下降，定植成活率差。因此，如何经过适当处理使穴盘苗在移植、定植后迅速生长，穴盘种苗的炼苗就显得非常重要。

穴盘苗在供水充裕的环境下生长，地上部发达，有较大的叶面积，但在移植后，田间日光直晒及风的吹袭下叶片蒸散速率快，容易发生缺水情况，使幼苗叶片脱落以减少水分损失，并伴随光合作用减少而影响幼苗恢复生长能力。若出圃定植前进行适当控水，则植物叶片角质层增厚或脂质累积，可以反射太阳辐射，减少叶片温度上升，减少叶片水分蒸散，以增加对缺水的适应力。

夏季高温季节，采用荫棚育苗或在有水帘风机降温的设施内育苗，使种苗的生长处于相对优越的环境条件下，这样一旦定植于露地，则难以适应田间的酷热和强光，出圃前应增加光照，尽量创造与田间比较一致的环境，使其适应，可以减少损失。冬季温室育苗，温室内环境条件比较适宜蔬菜的生长，种苗从外观上看，质量非常优良，但定植后难以适应外界的严寒，容易出现冻害和冷害，成活率也大大降低。因此，在出圃前必须炼苗，将种苗置于较低的温度环境下3~5天，可以起到理想的效果。

九、常见问题及解决方法

(一) 不发芽

原因及解决方法。

一是水分过多，导致介质缺氧，种子腐烂，解决方法是选择合格可靠的介质，根据种子发芽条件的要求供给适宜的水分。二是种子萌动后缺水，导致胚根死亡，解决方法是同上。易发生于西瓜。三是介质Ec（电导率）值或pH值不当，一般纯草炭的pH值为3.4~4.4，不能直接使用。因此，若购买的不是已经配制的育苗草炭，则须自己调节pH值和Ec。一般调节pH值到5.5~5.8，Ec到0.75。四是种子被老鼠吃掉。这易发生于瓜类的育苗，注意防鼠。五是拆包后未播完的种子，储存不当。种子应保存在低温干燥的地方，尤其是干燥条件，比低温更重要。一般情况在室温下保存，如干燥条件好，也可以保存较长时间。

(二) 发芽率低

原因及解决方法。

一是水分过多或介质黏性重，引起介质氧气不足。解决方法是选择合格可靠的介质，根据种子发芽条件的要求供给适宜的水分。

二是水分较少或介质砂性重，发芽水分不足。选择保水性好的基质，根据种子发芽条件的要求供给适宜的水分。

三是发芽温度过高。应保证在适宜的温度下发芽。

四是发芽温度过低。这主要发生在冬季育苗，应做好增温措施。

五是施用基肥过多，引起盐分为害。应适当使用肥料，严格控制Ec。

六是pH值不当。注意调节pH值到适宜的范围。

（三）成苗率低

原因及解决方法。

一是病害。应进行基质消毒，种子处理，加强预防，经常观察，注意防治。

二是浇水过多，基质过湿，引起沤根死亡。注意浇水，干湿交替。

三是移出催芽室后湿度不够，引起"戴帽"。应保持合适的湿度。

四是虫害。应加强防治。

五是肥害、药害。应合理施肥、施药。

六是浇水时水流过大，使种苗倒伏死亡。应采用细喷头浇水。

七是除草剂残留。打过除草剂后应仔细清洗喷药工具。

八是浇水不及时，过干。注意浇水。

（四）僵苗或小老苗

原因及解决方法。

一是早春温度低。保持适宜的温度。

二是生长调节剂使用不当。合理使用生长调节剂。

三是缺肥。注意施肥。

四是经常缺水。注意浇水。

五是喷药时施药工具矮壮素等残留。打过矮壮素后仔细清洗喷药工具。

（五）早花

原因及解决方法。环境恶劣，缺肥、缺水、苗龄过长等。提供适宜的环境条件，根据需要适当施肥，及时浇水，注意播种期的计划，保证适宜的苗龄。

（六）徒长

原因及解决方法。

一是氮肥过多。平衡施肥。

二是挤苗。选择合适的穴盘规格。

三是光照不足。连阴雨天气应注意尽可能加强光照，并结合温度、水分供应以控制徒长。

四是水分过多、过湿。合理控制水分和湿度。

（七）顶芽死亡

原因及解决方法。

一是虫害如蓟马为害。注意防虫。

二是缺硼。增施硼肥。

（八）叶色失常

原因及解决方法。

一是缺氮引起的叶色偏淡。注意施肥。

二是缺钾会引起下部叶片黄化，易出现病斑，叶尖枯死，下部叶片脱落。增施钾肥。

三是缺铁会引起新叶黄化。补充铁肥，或施用叶面肥，增施全营养微量元素肥料。

四是pH值不适引起叶片黄化。浇水时注意到pH值的调节。

第四节　绿色防控

绿色防控是指采用有害生物综合治理的策略和方法，应用农业防治、物理防治和生物防治等环境友好型措施，优化集成农业防治、生物防治、理化诱控和科学用药等病虫害综合防治技术，达到保护生态环境，减少化学农药使用，安全有效控制有害生物的过程。

一、农业防治

农业防治是指为防治蔬菜作物病虫害所采取的农业技术措施，以调整和改善蔬菜作物的生长环境，增强蔬菜作物对病虫的抵抗力，创造不利于病虫害生长发育或传播的条件，从而控制、避免或减轻病虫的危害。农业防治技术包括培育无病虫壮苗、土壤（种子）处理、培育壮苗、合理轮作、嫁接换根、肥水调控、植株调整、清洁田园等等。

（一）培育无病虫壮苗

1. 选用抗病、抗虫品种

目前在蔬菜生产中应用效果理想的抗病品种有以下一些种类。番茄抗根结线虫病系列品种：仙客5、仙客6、仙容8、秋展16等；番茄抗黄化曲叶病毒品种：浙粉702、浙杂301、浙粉701、浙杂501、金棚10号、飞天、光辉、阿库拉、忠诚、琳达、维拉、奥斯卡、斯科特、苏红9号等；抗西瓜枯萎病品种：苏星058、抗病苏蜜等。

2. 种子消毒

播前对种子进行消毒，可采用晒种、温汤浸种、热水烫种或用高锰酸钾、磷酸三钠、农用链霉素等药剂浸种或拌种，防治种传病害。

3. 苗床消毒

选择背风向阳地块作为苗床，播种前要进行苗床土消毒处理。育苗时采用营养钵或穴盘育苗，营养土配制时要采用无病菌床土，施用充分腐熟有机肥。

4. 选用嫁接苗

嫁接是把一种植物的枝或芽，通过切面直接组合的方式移接到另一种植物的茎或根上，使接在一起的两个部分长成一个完整的植株。茄果类、瓜类通过嫁接换根，缓解土传病害，增强植株长势。根据嫁接时接穗和砧木结合方式的不同，嫁接可以分为以下几种方法。

（1）顶芽插接。先用竹签去掉砧木苗真叶和生长点，同时将竹签由砧木子叶间的生长点处向下插入0.5~0.7厘米深，再将接穗苗由子叶下1厘米处用刀片削成约0.5厘米的楔形，在拔出竹签的同时将接穗苗插入，这是直插法。另一种插接方法是斜插法，用与接穗等粗的单面楔形竹签，将竹签的平面向下，由砧木苗一侧子叶基部斜插向另一侧；竹签尖部顶到幼茎表皮或刺透表皮，再在接穗苗子叶下1厘米处削成斜茬，在拔出竹签的同时将接穗苗幼茎斜连向下迅速插入。

（2）贴接。将砧木苗在第二片和第三片真叶之间用刀片斜切一刀，砧木苗下都留2片真叶，削成呈30°的斜面，切口斜面长0.6~0.8厘米。接穗苗上面留二叶一心，将接穗苗的茎在紧邻第三片真叶处用刀片斜切成30°一斜面，斜面的长度在0.6~0.8厘米，尽量与砧木的接口大小接近，将削好的接穗苗切口与砧木苗的切口对准形成层，贴合在一起。对好接口后，用嫁接夹子夹住嫁接部位。

（3）劈接。砧木除去生长点及心叶，在两子叶中间垂直向下切削8~10毫米长的裂口；接穗子叶下约3厘米处用刀片在幼茎两侧将其削成8~10毫米长的双面楔形；把接穗双楔面对准砧木接口轻轻插入，使2个切口贴合紧密，最后用嫁接夹固定。

（4）靠接。先用竹签去掉砧木苗的生长点，然后用刀片在生长点下方0.5~1厘米处的胚茎自上而下斜切一刀，切口角度为30°~40°，切口长度为0.5~0.7厘米，深度约为胚茎粗的一半。接穗口方向与砧木恰好相反，切口长度与砧木接近。接穗苗在距生长点下1.5厘米处向上斜切一刀，深度为其胚芽粗的3/5~2/3。然后将削好的接穗切口嵌入砧木胚茎的切口内，使两者切口吻合在一起，用夹子固定好嫁接处或用塑料条缠好后再用曲别针固定好，使嫁接口紧密结合。

（5）断根嫁接。在砧木的茎紧贴营养土处切下，然后去掉生长点，以左手的食指与拇指轻轻夹住其子叶节，右手拿小竹签（竹签的粗细与接穗一致，并将其尖端的一边削成斜面）在平行于子叶方向斜向插入，即自食指处向拇指方向插，以竹签的尖端正好到达拇指处为度，竹签暂不拔出，接着将接穗苗垂直于子叶方向下方约1厘米处的胚轴斜削一刀，削面长0.3~0.5厘米，拔出插在砧木内的竹签，立即将削好的接穗插入砧木，使其斜面向下与砧木插口的斜面紧密相接。然后，将已嫁接好的苗直接扦插到装有营养土浇足底水的穴盘或营养钵中。注意营养土中的粪与肥料应比传统嫁接方法减少1/2~2/3，过高的养分不利于诱导新根。

（6）双根嫁接。先去掉砧木1的生长点，然后用刀片在生长点下方0.5~1厘米胚茎自上而下斜切一刀，切口角度为30°~40°，切口长度为0.5~0.7厘米，深度约为胚茎粗的一半。注意砧木一，留一片子叶即可。然后再用同样的方法处理砧木二。接穗则用刀片两边削成一个楔形，切口长度与砧木接近。然后将削好的接穗切口嵌入两个砧木胚茎的切口内，使三者切口吻合在一起，用夹子固定好嫁接处或用塑料条缠好后再用曲别针固定好，使嫁接口紧密结合。

（二）土壤处理

土壤处理是利用药剂、高温和淹水等方法处理土壤，直接杀死或减少土壤病原微生物和害虫的农业措施，是减少土壤病虫害的有效措施。蔬菜栽培过程中常发生立枯病、青枯病、根腐病、软腐病等多种病害，这些病害均与土壤传播有关。在播种或定植前进行土壤处理非常重要，不仅可减轻蔬菜多种病害，还可减少蔬菜生长期用药次数，减轻劳动用工，降低用药成本。

1. 太阳能消毒

太阳能消毒指利用太阳能，通过大棚设施保温，促使土壤升高到一定温度，并维持一定时间，以杀灭土壤中有害病原菌的方法。这是设施栽培中比较实用的土壤物理消毒途径。在夏季换茬期间，选择晴天将蔬菜大棚完全密闭，必要时也可覆盖地膜或小拱棚，连续高温闷烤7~10天后翻耕，再闷棚7~10天，可杀灭青枯病、枯萎病、疫病等病菌。

2. 灌水浸田

菜地短期休耕两周，期间进行灌水浸田，可改变菜地表层的微生态环境，减少土壤中的好气性有害生物；同时，通过水的浸泡和排灌流动，减少土壤中水溶性有害物质的积累。灌水以没过畦面为宜，每次浸田时间至少7

天，最好选择在高温季节进行。

3. 药液处理

可用100倍的福尔马林水溶液均匀浇在已整好的土壤上，泼浇的药液量以刚好湿透泥土为宜；泼浇后覆盖薄膜2~3天后揭开，再隔7~8天进行整地播种或定植。

4. 毒土撒施

每平方米整好的菜地用70%甲基硫菌灵可湿性粉剂8~10克掺干土12~15千克，拌匀成毒土，撒入土壤，再定植或播种。也可用乙磷铝2千克拌细土20~25千克撒施，再播种或定植。

5. 石灰氮消毒

石灰氮在土壤中分解产生氰胺和双氰胺，具有消毒、灭虫、防病的作用，可有效防治各种蔬菜的青枯病、立枯病、根肿病、枯萎病等病害，有效防止地下害虫和杀灭根结线虫，可减缓连作对作物带来的影响。石灰氮分解产生的氰胺对人体有害，使用时应注意防护，要佩戴口罩、帽子和橡胶手套，穿长裤、长袖衣服和胶鞋。撒施后要漱口，用肥皂水洗手、洗脸。施用地点不能与鱼池、禽畜养殖场太近，不宜施用在萝卜、芥菜等十字花科蔬菜上，不宜与硫酸铵、过磷酸钙等酸性肥料混合施用。

石灰氮消毒流程如下。

（1）选择时间。选定作物收获并清洁田园（大棚）后天气晴朗的一段时间进行，以夏季处理的效果最好。

（2）均匀撒施药肥。每1.5亩施用稻草（最好铡成4~6厘米小段，以利于翻耕）等未腐熟有机物1~2吨、石灰氮80千克，混匀后撒施于土壤表面。

（3）深翻开畦。用旋耕机将药肥均匀深翻入土（30~40厘米深度为佳），以尽量增大石灰氮药肥与土壤质粒的接触面积，深翻、整平后"开畦"（高约30厘米，宽60~70厘米），尽量增大土表面积，以利于迅速提高土壤日积温，延长土壤高温的持续时间。

（4）密封灌水。用透明薄膜将土壤表面完全封闭，从薄膜下向畦间灌水，直至畦面湿透为止。

（5）密闭大棚。将大棚完全封闭（注意出入口、灌水沟处不要漏风），大棚破损需修理。晴天时，利用太阳光照射使20~30厘米深度的土层能较长时间保持在40~50℃（土表温度可达65℃以上），持续15~20天，即可有效杀灭土壤中的真菌、细菌、根结线虫等有害生物。

（6）揭膜晾晒。消毒完成后翻耕土壤，两星期后才可播种或定植作物。

（三）合理轮作和间套作

1. 合理轮作

轮作是一项极其重要且十分有效的病虫害农业防治措施。蔬菜品种多，生长周期短，复种指数高，合理地安排不同种类、不同科的作物轮作，有条件的水旱轮作，可改善土壤的微环境，减少病源虫源积累，切断害虫食物链，有效抑制病、虫、草的大发生，避免连作引发或加重病虫危害，恢复与提高土壤肥力，增加产量，改善品质。

（1）不同蔬菜合理轮作。不同蔬菜合理轮作，可使病菌和害虫失去寄主或改变生活环境，有效减轻或消灭病虫害。例如，葱蒜类后作种大白菜，可大大减轻软腐病的发生；瓜类、茄果类蔬菜与葱、蒜、叶菜等轮作，可明显减轻枯萎病、青枯病等土传病害的发生。旱生蔬菜与水生蔬菜轮作，对克服连作障碍可起到事半功倍的效果。水生蔬菜（茭白、莲藕、水芹、慈姑、荸荠等）与其他旱生蔬菜轮作，能明显减轻连作障碍的发生，如茭白与豇豆轮作，豇豆土传病害可得到有效控制。

（2）菜稻轮作。蔬菜与水稻轮作，在减少蔬菜连作病害的同时，还能促进水稻优质高产。近年来，一些蔬菜产区推广应用大棚番茄－单季稻、大棚茄子－单季稻、大棚瓠瓜－单季稻、大棚莴苣－大棚甜瓜－单季稻等稳粮增效型菜粮轮作模式，增产增收效果明显。

2. 合理间套作

通过不同蔬菜间作套种，切断病害侵染循环链，减轻病虫发生危害。具体方式有：果菜类与葱、蒜间作，可减轻果菜类蔬菜的真菌、细菌和线虫病害；玉米间作大豆，可减轻蚜虫发生；玉米与白菜套种，能减少白菜软腐病和霜霉病发生；叶菜行间栽种紫苏，可减轻黄曲条跳甲和小菜蛾为害等。

二、物理防治

物理防治就是应用物理手段创造不利于病菌和害虫生长的环境，并阻隔其与蔬菜作物的接触，减少病虫害的发生和蔓延，从而减少化学农药的使用。

（一）防虫网覆盖

1. 应用原理

防虫网是一种用来防治害虫的网状织物，形似窗纱，具有拉力强度大、抗热、耐水、耐腐蚀、耐老化、无毒无味等特点，具有透光、适度遮光等作用，还具有抵御暴风雨冲刷和冰雹侵袭等自然灾害的作用。它最大的用途就是有效阻止常见害虫进入大棚内。精心使用，寿命可达3~5年。防虫网覆盖栽培是一项防虫、增产实用环保型农业新技术，通过在棚架上覆盖防虫网，构建人工隔离屏障将害虫拒之网外，从而切断害虫（成虫）传播、繁殖途径。蔬菜防虫网除具有遮阳网的优点外，还可有效控制各类害虫，如菜青虫、小菜蛾、甜菜夜蛾、斜纹夜蛾、棉铃虫、蚜虫、美洲斑潜蝇、白粉虱等直接为害和由害虫传播的病害。此外，防虫网反射、折射的光对一些害虫还有一定的驱避作用。在苗期使用可提高菜苗的出苗率、成苗率和菜苗质量。

2. 使用要求

夏秋季节叶菜类、果菜类、瓜类、豆类蔬菜均可采用防虫网覆盖栽培，甘蓝类、茄果类、榨菜及芥菜等蔬菜秋季育苗正处于高温暴雨期，防虫网覆盖育苗，可减轻病虫危害，还可使秧苗免受暴雨袭击，减轻苗床土壤板结和肥料流失，提高成苗率。

采用防虫网覆盖栽培，应掌握以下配套技术要求。

（1）注重品种选择。防虫网覆盖栽培时间主要在夏秋高温季节，应选用抗热、耐湿、抗病的蔬菜品种。

（2）合理选用防虫网。防虫网有不同规格，蔬菜生产用于防治大中型害虫通常使用20~30目，幅宽1~1.8米；防治小型害虫则需要40目以上的防虫网才能发挥应有的效果，特别是防治烟粉虱等更小害虫必须50目以上才能保证其防效。防虫网还有不同颜色，通常白色或银灰色的防虫网效果较好，如果需要强化遮光，可选用黑色防虫网。

（3）采用适当覆盖方式。全网覆盖和网膜覆盖均有避虫、防病、增产等作用，但对各种异常天气适应能力不同，应灵活运用。在高温、少雨、多风的夏秋天，应采用全网覆盖栽培。在梅雨季节或连续阴雨天气，可采用网膜覆盖栽培。

（4）实行全程覆盖。防虫网遮光率小，夏秋季节覆盖栽培不会对蔬菜作物造成光照不足影响。为切断害虫危害途径，整个生育时期都要进行防虫网覆盖，要先覆网后播种。

（5）加强田间管理。要施足基肥，减少追肥次数。浇水施肥可采用网外泼浇或沟灌，有条件的基地最好采用滴灌和微型喷灌，尽量减少入网操作次数。进出网时要及时拉网盖棚，不给害虫入侵机会。要经常巡视田间，及时摘除挂在网上或田间的害虫卵块，检查网、膜是否破损，如有破损应及时修补。大棚覆盖防虫网后，会在一定程度上阻碍棚内空气与外界的交换，造成棚内气温升高，湿度增大，对作物生长有一定不利影响。遇晴热高温天气，不管采用何种覆盖方式，都要采用遮阳、灌水等降温措施。

（二）色板诱杀（图3-6）

1. 应用原理

色板诱杀是利用害虫对颜色的趋性而开发的一种诱杀害虫方法，具有简便、无污染、不伤害天敌等优点。采用色板诱杀技术，尽管不能像使用化学农药那样急速扑灭害虫，但能显著减少施药次数和农药用量，减少环境污染；避免药剂对害虫无敌的大量杀害，延缓害虫产生抗药性，是目前控制害虫种群密度最简单有效的方法之一。

目前生产上应用范围较广的色板有黄板和蓝板。黄板主要针对白粉虱、烟粉虱、蚜虫、美洲斑潜蝇、部分蝇类、部分蓟马、黄曲条跳甲等多种微小害虫，使用过程中表现出较好的诱杀作用，蓝板则主要对蓟马的诱杀效果较好。据试验，黄板可使蚜虫的虫口密度降低20%~40%。诱虫色板不仅可以杀死大量成虫，还可以确定准确防治时间。

目前商品色板有塑料和纸质两大类，都自带黏虫胶。纸质色板价格便宜，可以降解，属环保型产品；塑料和其他有机材料制作的色板，成本较高，使用后处理不当会形成新的污染，所以务必注意废弃色板的妥善处理。

2. 使用方法

（1）挂板时间。从蔬菜苗期或定植期开始使用，并保持不间断使用。

图3-6 色板诱杀

（2）悬挂位置。矮生蔬菜，应将色板悬挂在高于作物上部15~20厘米处，并随作物生长高度不断调整色板的高度。搭架蔬菜时，悬挂高度以棚架中部为宜，悬挂方向以顺行悬挂，保持板面朝向作物为宜。

（3）悬挂密度。开始时，每亩可以悬挂3~5片诱虫板，以监测虫口密度。当诱虫板上诱虫量增加时，每亩地均匀悬挂规格为25厘米×30厘米的诱虫板30片或25厘米×20厘米诱虫板40片。

此外，根据害虫对颜色的趋性我们可以用废旧三合板、五合板、木板、纸板、油桶、大的饮料瓶等自制可以重复使用的黄板和蓝板，还可以自制诱杀害虫的黄盆和蓝盆，同样可以起到诱杀害虫作用。

（三）昆虫性诱剂诱杀（图3-7）

1. 应用原理

性诱控制是根据害虫繁殖特性，人工释放引诱害虫求偶、交配的信息物质来诱捕或干扰害虫正常繁殖，从而控制害虫数量的方法。在自然界中，多数昆虫的聚集、寻找食物、交配、报警等行为是通过释放各种不同的信息化合物来实现信息传递的。性诱剂是通过人工合成制造出一种模拟昆虫雌雄产生吸引行为的物质，这种物质能散发出类似由雌虫尾部释放的一种气味，而雄性害虫对这种气味非常敏感。性诱剂一般只针对某一种害虫起作用，其诱惑力强，作用距离远。

性诱剂诱杀害虫不接触植物和农产品，没有农药残留，不伤害害虫天敌，是现代农业生态防治害虫的首选方法。其优点是：使用方便、操作简单；干扰破坏害虫正常交配，使其不产生后代；无抗性产生；防治对象专一，对益虫、天敌不会造成危害；可以显著降低农药使用量，提高产品质量，改善生态环境。

2. 应用方法

性诱控制害虫一般可通过2种方式：一种是迷向法，即在田间大量释放害虫性诱剂，使空气中始终弥漫性诱剂的气味，干扰雄虫寻找配偶，使雄虫因找不到雌虫交配而死亡；一种是诱捕法，即在田间设置少量害虫性诱捕器，这种性诱捕器相当于陷阱一般，将雄性害虫引入诱捕器后杀灭，而雌性害虫因找不到雄虫交配而不能繁殖后代，从而达到控制害虫数量的目的。

（1）使用时期。不同使用时期对害虫的控制效果不同，应根据当地的害虫测报情况及以往经验，在害虫发生早期，虫口密度比较低时就开始使用，即在斜纹夜蛾、甜菜夜蛾、二化螟、小菜蛾等蔬菜害虫越冬代成虫始盛期开始使用。

（2）设置密度。一般每亩设置1个斜纹夜蛾专用诱捕器，每个诱捕器内放置斜纹夜蛾性诱剂1支；每1~2亩设置1个甜菜夜蛾专用诱捕器，每个诱捕器内放置性诱剂1支；每亩设置1~2个二化螟专用诱捕器，每个诱捕器内放置性诱剂1支；每亩设置3~6粒小菜蛾性诱剂，用纸质粘胶或水盆作诱捕器（保持水面与诱心1厘米）。同一田块中，安装不同类型的诱捕器要保持一定距离隔离，以防昆虫受多种性信息素干扰而迷茫，影响诱虫效果。

图3-7　性诱剂诱杀

（3）设置高度。斜纹夜蛾、甜菜夜蛾诱捕器悬挂高度距地面高1米或在作物群体上方20~30厘米；小菜蛾诱捕器悬挂高度在作物群体上方10~20厘米；二化螟诱捕器悬挂高度距地面1~1.5米或作物上部20厘米左右。

（4）使用要求。

①由于性诱剂具有高度的敏感性，安装不同种害虫的诱芯，需要洗手，以免交叉污染。

②一旦已打开包装袋，最好尽快使用所有诱芯。

③每4~6周需要更换诱芯。

④适时清理诱捕器中的死虫，不可将死虫倒在大田周围，需要深埋。

⑤诱捕器可以重复使用，诱芯内的性信息素易挥发，需要存放在较低温度的冰箱中。

⑥多与其他防治方法合用，发挥综合防治的效果。

（四）杀虫灯诱杀（图3-8）

1. 应用原理

灯光诱杀是利用害虫的趋光、趋波、趋色、趋性等特性，将杀虫灯光波设定在特定范围内，近距离用光，远距离用波，加以害虫本身产生的性信息引诱成虫扑灯，再配以特制的高压电网触杀，使害虫落入专用虫袋内，达到杀灭害虫的目的一种物理防控害虫技术。通过诱捕，可以把具有趋光性害虫的虫源大量集中消灭；而不具有趋光性的夜行性害虫可以通过光波作用抑制或影响其正常活动，减少其危害。使用灯光诱杀不仅可以显著减少化学农药

图 3-8 杀虫灯诱杀

使用次数，保护害虫灭敌，还能延缓害虫产生抗药性。灯光诱杀具有操作简便、使用安全、投入低，效果稳定等优点。

目前农业生产上推广应用较多的杀虫灯为频振式杀虫灯。频振式杀虫灯诱杀的害虫主要有鳞翅目、鞘翅目等7个目20多科40多种害虫（成虫），诱杀量较大的害虫主要有斜纹夜蛾、甜菜夜蛾、小菜蛾、金龟子、银纹夜蛾、瓜绢螟、蝼蛄、蜻类、地老虎、豆野螟、玉米螟等。正确应用杀虫灯诱杀技术，能大大降低田间虫口基数，有效减少化学农药的使用。

2. 使用要求

（1）使用时间。蔬菜生产上一般在4月中旬至10月下旬为田间亮灯时期，在害虫越冬代或第一代发生前期开始安装使用，每日开灯时间为20时至次日凌晨5时。有光控系统的灯能根据自然光的亮度自动开关。

（2）安装密度。在区域空旷、屏障物少的蔬菜基地，安装密度以40~50亩一盏为宜，山地蔬菜基地可按30亩一盏的密度安装。

（3）挂灯高度。根据不同菜地类型及作物确定杀虫灯悬挂高度。山地蔬菜种植，由于农田不规则，挂灯高度可以1.3~1.5米为宜。蔬菜生长前期吊挂高度略低，生长后期灯的高度必须在植株顶端上部。

（4）使用期维护。杀虫灯的高压触杀网必须每天清刷1次，清刷时用网刷顺着高压网线轻轻刷，把网上虫子的残体及其他杂物清除干净，以利于保持杀虫灯的杀虫效果。清刷高压触杀网时必须关闭电源。杀虫灯的接虫袋必须3天清洗1次，夏秋高温季节，最好每天清洗1次，以防虫体腐烂发臭。

（5）闲置期维护。杀虫灯使用结束后应及时收回，对其性能做全面检测，根据使用说明科学保养，以确保以后正常安全使用。

但灯光诱杀也有许多限制因素。例如灯光诱杀技术必须要有电源，需要铺设电缆或采用太阳能作电源；需要在设灯面积相对较大的情况下才能取得理想效果；诱虫效果容易受外界强烈照明灯光干扰等。目前，一些地区蔬菜生产所选用的灯诱产品或多或少存在有待改进的技术问题，如光源对昆虫的选择性、有害光线对人和环境的影响、使用成本、使用安全性、自动化控制程度、结构和外观、以及对有益昆虫的伤害等。

三、生物防治

生物防治则是指利用生物及其产物（比如利用天敌、病原微生物、昆虫性信息素等）控制害虫的方法，具有高效、经济、持久、安全的特点。

（一）生物多样性调节和保护

1. 蜜源植物

5月中下旬，道路和沟渠边种植芝麻、向日葵、万寿菊、薰衣草、三叶草、牵牛花或蚕豆等显花作物，田边盘栽或撒种草花等，为天敌提供蜜源、补充营养，保育天敌种群。

2. 载体植物

可在大棚内周边种植或中上部空间悬挂盆栽大小麦、牵牛花等作为茄果类、莴苣、生菜等的载体植物，吸引蚜虫并提供蚜茧蜂和捕食性天敌。在连栋大棚、温室内零星种植番木瓜，作为载体植物防治烟粉虱。在温室、大棚中悬挂盘栽草花等，作为清棚时天敌的过渡和庇护场所。

3. 诱集植物

设施外可利用地头、路边空地合理布局，阻隔目标害虫迁入菜田。如在设施外种植黄秋葵、香椿等，以诱集烟粉虱；种植非洲菊、万寿菊等，以诱集蚜虫、蓟马；种植一至两块露地青菜可诱集小菜蛾；少量留草以诱集地老虎、蝼蛄等地下害虫。设施内通常四周种植，或点插种植，或盘栽摆放。如茄子地四周种植非洲菊、万寿菊等，诱集蚜虫、蓟马；叶菜地可点插种植芥菜或萝卜，以诱集小菜蛾、黄曲条跳甲。

4. 驱避植物

引起阻碍或促进作用的植物就是驱避植物，也就是说驱避植物会散发令害虫讨厌的浓香或毒性物质，能阻碍周围的害虫接近，影响病菌正常繁殖。

驱避植物主要包括农作物类、花卉类、香草类和野草类等。农作物类有大蒜、大葱、韭菜、辣椒、花椒、洋葱、菠菜、芝麻、蓖麻、番茄等；花卉类有金盏花、万寿菊、菊花、串红等；香草类有紫苏、薄荷、蒿子、薰衣草、除虫菊；野草类有艾蒿、三百草、蒲公英、鱼腥草等。

（二）害虫天敌保护和利用

1. 自然天敌的保护和利用

结合田间农事操作，增加田间作物多样性等措施，合理保护和利用绒茧蜂、绿盲蝽、赤眼蜂、草蛉、瓢虫、蜘蛛、食蚜蝇和白僵菌等自然天敌。

2. 天敌的引进和释放

从天敌繁殖基地、规模化生产企业引进、释放天敌昆虫，利用寄生性天敌赤眼蜂、丽蚜小蜂和捕食性天敌草蛉、异色瓢虫、捕食螨等防治烟粉虱、蚜虫等害虫危害。利用赤眼蜂防治棉铃虫、烟青虫、菜青虫；利用蚜茧蜂、食蚜瘿蚊、瓢虫防治蚜虫；利用丽蚜小蜂防治温室烟粉虱及蚜虫；利用智利小植绥螨、西方盲走螨防治叶螨。

（三）生物农药防治

生物农药是指利用生物活体或其代谢产物对害虫、病菌、杂草、线虫、鼠类等有害生物进行防治的一类农药制剂，或者是通过仿生合成具有特异作用的农药制剂。我国生物农药一般分为直接利用生物活体和利用源于生物的生理活性物质两大类，前者包括细菌、真菌、线虫、病毒及拮抗微生物等，后者包括农用抗生素、植物生长调节剂、性信息素、摄食抑制剂、保幼激素和源于植物的生理活性物质等。

1. 生物农药类型

（1）植物源农药。植物源农药凭借在自然环境中易降解、无公害的优势，现已成为绿色生物农药首选之一，主要包括植物源杀虫剂、植物源杀菌剂、植物源除草剂及植物光活化霉毒等。自然界已发现的具有农药活性的植物源杀虫剂有博落回杀虫杀菌系列、除虫菊素、烟碱和鱼藤酮等。

（2）动物源农药。动物源农药主要包括动物毒素，如蜘蛛毒素、黄蜂毒素、沙蚕毒素等。昆虫病毒杀虫剂在美国、英国、法国、俄罗斯、日本及印度等国已大量施用，国际上已有40多种昆虫病毒杀虫剂注册、生产和应用。

（3）微生物源农药。微生物源农药是利用微生物或其代谢物作为防治农业有害物质的生物制剂。其中，苏云金菌属于芽杆菌类，是目前世界上用途最广、开发时间最长、产量最大、应用最成功的生物杀虫剂；昆虫病源真菌属于真菌类农药，对防治松毛虫和水稻黑尾叶病有特效；根据真菌农药沙蚕素的化学结构衍生合成的杀虫剂巴丹或杀螟丹等品种，已大量用于实际生产中。

2. 生物农药品种

（1）病毒类。病毒类生物农药品种主要有蟑螂病毒、斜纹夜蛾核型多角体病毒、甜菜夜蛾核型多角体病毒、菜青虫颗料体病毒、苜蓿银纹夜蛾核型多角体病毒、棉铃虫核型多角体病毒、茶尺蠖核型多角体病毒、松毛虫质型多角体病毒、油尺蠖核型多角体病毒。

（2）细菌类。细菌类生物农药品种主要有球形芽孢杆菌、苏云菌杆菌、地衣芽孢杆菌、枯草芽孢杆菌、蜡质芽孢杆菌、荧光假单胞杆菌。

（3）真菌类。真菌类生物农药品种主要有白僵菌、绿僵菌、淡紫拟青霉、蜡蚧轮枝菌、木霉菌。

（4）微生物代谢物。微生物代谢物类生物农药品种主要有阿维菌素、伊维菌素、氨基寡糖素、菇类蛋白多糖、多抗霉素、井冈霉素、嘧啶核苷类抗菌素、宁南霉素、浏阳霉素、农抗120、C型肉毒素。

（5）植物提取物。植物提取物类生物农药品种主要有苦参碱、藜芦碱、蛇床子素、小檗碱、烟碱、印楝素。

（6）昆虫代谢物。昆虫代谢物类生物农药品种主要有蟑螂信息素、诱虫烯、诱蝇。

（7）复方制剂。复方制剂类生物农药品种主要有苏云金杆菌＋昆虫病毒、蟑螂病毒＋蟑螂信息素、井冈霉素＋蜡质芽孢杆菌。

3. 生物农药防治方法

（1）品种选择。根据不同生物农药针对的目标病虫害，选择适宜的生物农药。

（2）防治时期。根据病虫预报将施药时间适当提前，病害防治适期为发病初期，虫害防治适期为幼虫孵化盛期，以达到"治小、治早"的目的。

四、化学防治

使用化学农药通常是蔬菜病虫害防治的环节之一，也是影响蔬菜质量安全和农业生态环境安全的主要因子，合理使用农药，保证蔬菜生产的无害化，是无公害蔬菜生产中的关键问题。随着科学技术的迅速发展，高效、安全、生态型的农药新品种不断涌现，以及化学防治新技术的推广和普及，将必要的化学防治与其他防治方法合理结合，会取得到更显著的效益。

（一）选择对口药剂，对症下药

蔬菜病虫种类多，为害习性不同，对农药的敏感性也各异。因此，必须正确识别防治对象，科学掌握农药的药效、剂型及其使用方法，做到对症下药，才能达到应有的防治效果。首先应正确识别病虫害种类，对症用药。如黄瓜霜霉病与细菌性角斑病，叶部表现的症状十分相似，但前者为真菌侵染所致，后者为细菌侵染所致，所选用的农药种类截然不同。其次，要了解农药的性能及防治对象。例如，扑虱灵对白粉虱若虫有特效，而对同类害虫的成虫则无效。抗蚜威只对桃蚜有效，而对瓜蚜效果差。甲霜灵对黄瓜霜霉病有效，但不能防治白粉病。

（二）把握最佳防治时期

任何病虫草害在田间发生发展都有一定的规律性，根据病虫的消长规律，讲究防治策略，准确把握防治适期，选用适宜的农药，有事半功倍之效。蔬菜播种或移栽前，进行苗床、棚室消毒，土壤处理，药液浸种，药剂拌种等，有利于培育壮苗，减轻苗期病害。斜纹夜蛾、甜菜夜蛾幼虫应在大部分进入二三龄时防治，此时虫体小、为害轻、抗药力弱，用较少的药剂就可发挥较高的防治效果。菜青虫、小菜蛾春季防治应掌握"治一压二"的原则，即防治一代压低二代的害虫基数。夜蛾类害虫的防治应在傍晚时间，因为白天它们都躲在地下，施药对它们几乎没有效果。傍晚它们出来为害作物时施药，则防效显著。豆类、瓜类病毒病与苗期蚜虫有关，只要防治好苗期蚜虫，病毒病的发生率就能明显降低。

（三）正确选择农药剂型

晴天可选用粉剂、可湿性粉剂、胶悬剂等喷雾防治；而阴雨天则应优先选用烟熏剂、粉尘剂烟熏或喷施，不增加棚内湿度，减少叶露及叶缘吐水，对控制霜霉病、灰霉病、白粉病等高湿病害有显著作用。

（四）严格控制施药次数、浓度、范围和用量

防治病虫草害能局部处理时绝不大面积普遍用药，无公害蔬菜生产要尽量减少用药，施最少的药，达到最理想的防效。如黄瓜霜霉病常从发病中心向四周扩散，采用局部施药，封锁发病中心，可有效地控制病害蔓延。又如蚜虫、白粉虱等害虫栖息在幼嫩叶子的背面，因此喷药时必须喷头向上，重点喷叶背面。合理控制防效，如果杀虫效果85%以上，防病效果70%以上，即称为高效，切不可盲目追求防效而随意增加施药次数、浓度和剂量，以防病虫抗药性的产生以及蔬菜产品农药残留超标。

（五）交替轮换用药

在同一地区连续、大量地长期使用同一种或同一类型农药，必然会导致害虫、病菌等有害生物产生抗药性，从而降低防治效果。合理轮换使用不同种类的农药，则是控制抗药性产生、保持药剂的防治效果和使用年限的重要措施之一。

（六）合理混配药剂

采用混合药方法，可达到一次施药控制多种病虫危害的目的，但农药混配要以保持原药有效成份或有增效作用，不增加对人畜的毒性为前提。合理混配药剂可以起到兼治多种病虫和节省用工、降低成本的作用。一般中性农药之间可以混用；中性农药与酸性农药可以混用；酸性农药之间可以混用；碱性农药不能随便与其他农药混用；微生物杀虫剂（如Bt）不能同杀菌剂及内吸性强的农药混用；混合农药应随混随用。

（七）安全高效施药

运用先进的农药施用技术不但可以大幅度减少农药用量，可节省农药用量50％~95％，同时还可大幅度减少或基本消除农药喷到非靶标（不是防治对象）作物上的可能性，从而显著减少对环境的污染。

1. 低量喷雾技术

通过喷头技术改进，提高喷雾器的喷雾能力，使雾滴变细，增加覆盖面积，降低喷药液量。传统喷雾方法每亩用药量在40~60千克左右，而低量喷雾技术用药量仅为3~13千克，不但省水省力，还提高了工效近10倍，节省农药用量20％~30％。

2. 静电喷雾技术

通过高压静电发生装置，使雾滴带电喷施的方法，药液雾滴在叶片表面的沉积量显著增加，可将农药有效利用率提高到90％。

3. 农药助剂应用技术

在药液中添加有机硅、矿物油等农药助剂，可大幅度增强药液的附着力、农药的扩展性和渗透力。如添加杰效利3 000倍液，通常可减少1/3的农药用量和50％以上的用水量，从而提高农药利用率和防治效果。

（八）规范施药操作

使用农药时，一要注意自身安全，严格执行安全操作规程，杜绝农药生产性中毒；二要妥善处理好残药及农药包装材料，以免引起环境污染和人畜中毒。

发生生产性农药中毒事故的主要原因有：在高温季节喷洒高毒农药；没有开瓶盖工具时就用牙齿咬开；配药时不戴胶皮手套、用瓶盖倒药（易流到手上）、药液浓度增高；打药时不戴口罩、不穿鞋袜，只穿短裤、背心；打药器械质量差、发生故障多，有故障时带药用手拧、嘴吹等等。

施药时身体有不适的感觉，须立即离开施药现场，并脱去被农药污染的衣裤等，用肥皂清洗手、脸和用清水漱口，必要时及时送医院治疗。

第五节　水肥一体化

水肥一体化技术是将灌溉与施肥融为一体的农业新技术。肥水一体化是借助压力系统（或地形自然落差），将可溶性固体或液体肥料，按土壤养分含量和作物种类的需肥规律和特点，配兑成的肥液与灌溉水一起，通过可控管道系统供水、供肥，使水肥相融后，通过管道和滴头形成滴灌、均匀、定时、定量，浸润作物根系发育生长区域，使主要根系土壤始终保持疏松和适宜的含水量，同时根据不同的作物的需肥特点，土壤环境和养分含量状况；作物不同生长期需水，需肥规律情况进行不同生育期的需求设计，把水分、养分定时定量，按比例直接提供给作物（图3-9）。

图 3-9　水肥一体化施肥

一、水肥一体化的技术要点

水肥一体化是一项综合技术，涉及到农田灌溉、作物栽培和土壤耕作等多方面，其主要技术要领须注意以下四方面。

（一）滴灌系统

在设计方面，要根据地形、田块、单元、土壤质地、作物种植方式、水源特点等基本情况，设计管道系统的埋设深度、长度、灌区面积等。肥水一体化的灌水方式可采用管道灌溉、喷灌、微喷灌、泵加压滴灌、重力滴灌、渗灌、小管出流等。特别忌用大水漫灌，容易造成氮素损失，同时也降低水的利用率（图3-10）。

图3-10 水肥一体化喷滴灌系统

（二）施肥系统

在田间要设计为定量施肥，包括蓄水池和混肥池的位置、容量、出口、施肥管道、分配器阀门、水泵肥泵等。

（三）适宜肥料

肥料可选液态或固态肥料，如氨水、尿素、硫铵、硝铵、氯化钾、硫酸钾、硝酸钾、硫酸镁等肥料；固态以粉状或小块状为首选，要求水溶性强，含杂质少，一般不应该用颗粒状复合肥（包括中外产品）；如果用沼液或腐殖酸液肥，必须经过过滤，以免堵塞管道。

（四）具体操作

1. 肥料溶解与混匀

施用液态肥料时不需要搅动或混合，一般固态肥料需要与水混合搅拌成液肥，必要时分离，避免出现沉淀等问题。

2. 施肥量控制

施肥时要掌握剂量，注入肥液的适宜浓度大约为灌溉流量的0.1%。例如灌溉流量为每亩50立方米，注入肥液大约为50千克；过量施用可能会使作物致死以及环境污染。

3. 灌溉施肥的程序

灌溉施肥的程序分3个阶段：第一阶段，选用不含肥的水湿润；第二阶段，施用肥料溶液灌溉；第三阶段，用不含肥的水清洗灌溉系统。

二、水肥一体化的实施效果

（一）水肥均衡

传统的浇水和追肥方式，作物饿几天再撑几天，不能均匀地"吃喝"。而采用科学的灌溉方式，可以根据作物需水需肥规律随时供给，保证作物"吃得舒服，喝得痛快"。

（二）省工省时

水肥一体化技术应用已安装的微灌系统，打开相应的阀门进行灌溉和施肥，作业地点固定、便于控制，节省了灌溉用水和农药、肥料的成本，同时大大降低了劳动强度，节省人工90%以上。

（三）节水省肥

水肥一体化采用微灌技术可以根据不同作物不同生长阶段所需，定时定量供给水肥，既有效利用了水资源（水分利用率达80%以上）、避免了过量施肥，又减少了肥料的挥发和流失现象（节肥50%以上），是目前肥料利用率最高的施肥方法之一。

（四）减轻病害

大棚内作物很多病害是土传病害，随流水传播。如辣椒疫病、番茄枯萎病等，采用滴灌可以直接有效的控制土传病害的发生。滴灌能降低棚内的湿度，减轻病害的发生。

（五）控温调湿

传统的沟灌等灌溉方式易造成土壤板结、通透性差，进而抑制作物根系呼吸，导致烂根和黄叶等现象。水肥一体化技术采用的微灌方式使得水分只能浸湿根部周围的土壤，降低了土壤中水分含量和空气湿度、保持土温相对恒定，控制了土传病害随流水传播，减少了病害的发生，且作物生长健壮。

（六）增加产量，提高经济效益

水肥一体化技术实现对水肥的定时定量施用，使得作物在成长期间营养吸收的充分合理，提高产量30％、改善了品质；滴灌的工程投资（包括管路、施肥池、动力设备等）每亩约为1 000元，可以使用5年左右，每年节省的肥料和农药至少为700元，增产幅度可达30％以上。

第四章　山地蔬菜高效栽培模式

第一节　松花菜—四季豆栽培模式

一、茬口安排

　　春季栽培山地松花菜在1月中下旬至2月上旬播种，3月中下旬至4月初进行地膜覆盖定植，5月中旬至6月上旬采收。山地四季豆栽培要求其供应期为8—10月，一般播种后55天左右开始上市，故播种期安排在6月下旬至7月上中旬，海拔较高或坐北朝南背西的地块播种期可适当提前，海拔低则播种期相应推后，避开花期高温（图4-1）。

松花菜　　1月中下旬至2月上旬播种，3月中下旬至4月初进行地膜覆盖定植，5月中旬至6月上旬采收

四季豆　　6月下旬至7月上中旬播种，供应期为8—10月

图4-1　松花菜—四季豆栽培模式

二、栽培管理

(一) 松花菜

1. 栽培地选择

一般要求选择土层深厚，土壤疏松肥沃，排灌方便的田块种植。

2. 品种选择

松花菜品种选择早中熟、耐热性较好的品种，如台松65天、庆农65天、台松85天、庆农85天等。

3. 培育壮苗

采用育苗基质，32孔或50孔穴盘直播，精细育苗，每个育苗单位播精选种子一粒，每亩需育苗用种10~15g。一般苗龄30~35天，如果苗龄长，育苗基质养分不足的，苗期应及时补肥促长，喷施0.5%尿素或0.5%复合肥液，结合喷72.2%霜霉威盐酸盐水剂500~800稀释液，或浇75%敌克松可溶性粉剂600倍稀释液，7~10天1次，连续2~3次，防治苗期立枯病、猝倒病。低温期育苗要有防寒保温设施，大棚套小拱棚保温育苗，苗圃温度保持10℃以上。移栽前一周开始炼苗，培育无病健壮苗。

4. 整地施肥，合理密植

定植前半月，每亩施商品有机肥1 000千克、45%三元复合肥80千克、钙镁磷肥30千克、钾肥20千克、硼砂1千克作基肥，精细整地，畦连沟宽1.3米，呈龟背形，并覆盖地膜。每畦种植2行，行距65厘米，株距50厘米，每亩种植1 800~2 000株。3月中下旬，在下午或阴天进行定植，定植穴略低于畦面，以利施肥培土。定植后即浇定根水，栽后连续3天追施活棵肥，结合浇施95%敌克松可溶性粉剂600~800倍稀释液1次，以利返苗、防病。

5. 田间管理

（1）肥水管理。由于早中熟松花菜品种定植后生长期短，要保证其在20片外叶前长成健壮高大的株型，肥水管理要求"肥水齐攻，一促到底"。缓苗后抓紧时间追肥，不可蹲苗，苗期以氮肥为主，薄肥勤施，每亩用尿素10千克进行追肥，每7天追肥一次；莲座期每亩用氯化钾10千克、尿素10千克、硼砂1千克对水浇施；现蕾前后重施蕾肥，每亩用45%三元复合肥20千克、尿素10千克对水浇施；花球露出心叶时，及时浇水并重追肥，促进花球发育膨大，每亩用尿素25千克。适时喷施叶面肥，现蕾后用0.1%硼砂、0.2%磷酸二氢钾和0.3%尿素混合液喷施2~3次，使花球膨大、洁白。施肥必须与供水有机结合，一般对水浇施能够提高肥料利用率，增强速效性。在莲座期和花球膨大期，植株需水量大，要求土壤保持湿润，既不能过湿而导致沤根，又不能太旱而导致缺水，做到大雨过后及时排水，防止田间积水；干旱天气，应灌跑马水，忌浸灌、漫灌，力求供水均衡，保持土壤湿润、疏松。

（2）培土。培土1~3次。通过培土，促发不定根，稳定根系生长的土壤环境，增强植株长势和抗倒伏能力，以促进松花菜长势和提高产量。培土的方法是结合清沟除草，将畦沟泥土培于定植穴和株间，保持匀整龟背形的畦面。

（3）花球护理。花球一露出心叶或硬币大小时采取折叶覆盖或束叶裹球方法，保护花球不受阳光直晒，以保证花球洁白和鲜嫩品质。

6. 病虫害防治

（1）病害防治。主要病害有软腐病、黑腐病、黑点病。软腐病、黑腐病是细菌性病害，防治时应注意开沟排水，防止田间积水，在雨前雨后及时喷77%可杀得可湿性粉剂600~800倍液保护，发病初期用72%农用链霉素可湿性粉剂3 000倍液喷雾。

（2）虫害防治。主要虫害有菜青虫、蚜虫等。菜青虫可用15%安打悬浮剂3 000倍液，或5%氯虫苯甲酰胺胶悬剂1 000倍液等喷雾。蚜虫可用3%啶虫脒微乳剂800倍液，或10%吡虫啉可湿性粉剂1 000倍液喷雾。

7. 采收

应分批采收，陆续上市。花球充分长大、周边或表面开始松散时及时采收，采收时留3~5张叶片保护花球，避免贮运过程损伤或沾染污物。

（二）四季豆

1. 品种选择

四季豆要根据各地市场消费习惯，选择青色扁圆荚或白色圆荚蔓生类型品种，如浙芸3号、川红架豆、红花青荚、红花白荚、碧丰等。

2. 整地做畦，施足基肥

前茬松花菜收获后及时处理田间残留根茎及叶片，进行无害化处理。整地时每亩撒施生石灰50~70千克，达到杀菌、消毒和调节pH值之目的。畦作成深沟高畦，呈"龟"背形，连沟宽1.3米。四季豆播种前10~15天，在畦中间开沟施入商品有机肥1 000千克，配施过磷酸钙15千克、硫酸钾10千克或复合肥15千克。

3. 播种

播前选种，晒种1~2天，每畦种两行，行株距65厘米×25厘米，每穴播3~4粒种子，盖2厘米厚细土，每亩播4 000穴左右，用种量2~3千克。播后2~3天出苗，出苗后及时间苗，每穴留苗2~3株。四季豆出苗后根据长势可追施1~2次稀薄人粪尿或浓度较低的氮肥。

4. 田间管理

（1）中耕锄草和培土。出苗10天苗齐后，进行第一次中耕除草；搭架引蔓前进行第二次中耕除草，结合清沟培土于植株基部，每次中耕后要及时浇施肥水，有条件可采用滴灌方式进行，以促进生长。有条件的农户，利用山草或稻草进行畦面覆盖，对降低表层土温、保持水分及减少杂草生长十分有效。

（2）搭架引蔓。四季豆抽蔓10厘米左右时及时搭架、绑蔓，架杆长一般在2~2.5米，采用倒人字架搭架方式，架杆插在苗外10厘米处，每穴一根。生长过程人工引蔓2~3次，按逆时针方向环绕，然后任其生长。

（3）肥水管理。四季豆追肥应遵循"不偏施氮肥，增施磷钾肥；花前少施，花后适施，荚期重施及少量多次"的原则。一般在对生真叶展开后，追施一次稀薄人粪尿或每亩3~5千克含硫复合肥，第一次中耕、搭架前（第二次中耕）每亩用复合肥5~8千克对水追施2次。开花结荚期，重施追肥3~4次，每亩每次追施复合肥10~15千克，并结合根外追肥。生长后期以喷施叶面肥为主，每隔7~10天，用磷酸二氢钾500倍液或爱多收等进行根外追肥，对增加产量和提高抗性十分有利。在四季豆生长期注意保持田间湿润，土壤保持不过干不过湿，遇雨天及时清沟排水；遇连续晴天，及时灌水，有条件采用滴灌，土壤过干过湿都易引起落花落荚造成减产。

5. 病虫害防治

（1）坚持"预防为主，综合防治"的方针，以农业防治为基础，创造不利于病虫草害孳生和有利于各类天敌繁衍的环境条件，优先采用生物农药防治蔬菜病虫害。特别要注意的是，四季豆采收前10天停止使用农药，采收期间禁止使用化学农药。

（2）病害主要有锈病、病毒病、根腐病等。锈病可用12.5%烯唑醇可湿性粉剂2 500倍液，或15%三唑酮可湿性粉剂1 500倍液喷雾。病毒病主要通过防治蚜虫和调节田间供水加以防治，5%菌毒清水剂500倍液，或20%吗啉胍·乙铜可湿性粉剂800倍液与0.04%芸苔素内酯水剂合用苗期喷雾。根腐病可用50%多菌灵可湿性粉剂800倍加10%三唑酮可溶性粉剂1 500倍喷雾，或70%敌克松可湿性粉剂800~1 000倍、50%多菌灵可湿性粉剂500倍液浇根。

（3）害虫主要有豆野螟、潜叶蝇、蚜虫等。豆野螟的防治原则是"治花不治荚，鲜花和落地花并治"。防治在早上8时前或傍晚幼虫开始活动喷药，农药防治：豆野螟可用5%氯虫苯甲酰胺可溶性粉剂1 500倍液，或10%虫螨腈微乳剂1 000倍液喷雾。潜叶蝇可用75%灭蝇胺可湿性粉剂3 000~5 000倍液喷雾。蚜虫可用10%吡虫啉可湿性粉剂3 000倍液，或5%抑太保乳油1 500~2 000倍液，或3%啶虫脒微乳剂800倍液喷雾。

6. 及时采收

严格按采收标准执行。菜豆一般在花后10天左右可采摘上市，采收时间以早晨或上午为好，每隔1~2天采收1次，采摘后进行分级包装，尽早运出，以提高商品性。若不及时采收则品质下降，商品性差。

第二节　西瓜—松花菜栽培模式

一、茬口安排

西瓜收获后的8月中下旬至12月土地空闲，加种一茬松花菜，不仅提高了单位面积的产量和效益，还充分利用了地力。西瓜一般4月下旬至5月上旬播种，8月中下旬采收结束；松花菜在7月中下旬播种，8月中下旬定植，9月下旬至11月中下旬采收（图4-2）。

西瓜　一般4月下旬至5月上旬播种，8月中下旬采收结束

松花菜　在7月中下旬播种，8月中下旬定植，9月下旬至11月中下旬采收

图4-2　西瓜—松花菜栽培模式

二、栽培管理

(一) 西瓜

1. 地块选择

选择土层较为深厚，土壤疏松肥沃，排灌方便的田块或平缓坡地，利于作物根系生长且有较好的抗旱能力。

2. 品种选择

根据栽培地的地理、气候条件及产品销售地的市场消费习惯来选择品种。西瓜品种宜选西农8号、浙蜜3号、美抗6号、美抗9号、利丰2号等生长势较强、耐瘠、耐高温、耐湿抗病、易坐果、耐贮运的中晚熟品种。

3. 整地作畦

冬季深翻瓜地30厘米，促进土壤风化，土层较薄地块应结合施基肥全面深翻。播种或定植前15天，再次深翻土壤，精耕细作，整畦成龟背形，以利通风排水、提高土温，促进根系生长。

4. 播种育苗

（1）浸种催芽。选择晴天晒种1天，次日放入55℃温水浸种10~15分钟，边浸边搓，洗去表面黏液，自然冷却后再在500倍多菌灵或托布津农药液中浸种1小时，洗净后再清水浸种4~5小时。沥干水分后用干净湿布袋装好，置于30℃恒温催芽，待种子露白时即可播种。

（2）播种。

①露地直播：一般5月上中旬播种，地膜覆盖栽培，每穴播3~4籽，留2株健苗，每亩栽400~500株。

②育苗定植：可适当提早至4月下旬至5月上旬播种，穴盘基质育苗，3~4片真叶时定植，每亩栽500~600株，定植后用10%人粪尿点根。缺苗应及时补种，保证全苗。

5. 肥水管理

施肥应掌握"适施基肥，薄施苗肥，重施结果和膨瓜肥，氮、磷、钾合理配合"的原则。播种或定植前15天施基肥，每亩施含硫三元复合肥75千克，过磷酸钙25~30千克，饼肥100千克，硼砂0.5千克；轻施苗肥，视苗长势每亩施2.5千克尿素或稀人粪尿1~2次；伸蔓时每亩施20千克菜籽饼肥；幼果鸡蛋大小和碗口大小时各对水浇施尿素5千克，钾肥10千克一次，促进果实膨大；膨瓜肥以叶面肥为主，根外追施0.5%尿素和0.2%磷酸二氢钾液2~3次，以提高蔓叶质量、果实品质和产量。

6. 整枝坐果

采用三蔓整枝，即选主蔓3~5节位上健壮子蔓2个，其余除去，以集中养分；选主蔓的第2雌花或第3雌花坐果，每蔓留瓜1个，山地西瓜因开花坐果时恰逢高温多雨，可辅以人工授粉提高坐果率。

7. 果实管理

伸蔓前就地取材铺草和树叶等，以防畸形果产生，同时可降温、保湿、防草等；果实膨大期以草盖瓜，防止日灼。果实停止生长后翻瓜，下午进行，顺一个方向翻，每次的翻转角度不超过30°，每个瓜翻2~3次，以提高品质和商品性。

8. 病虫害防治

西瓜主要病害有猝倒病、枯萎病、炭疽病、蔓枯病等，主要虫害有黄守瓜、蚜虫等。病虫害防治以"预防为主，防重于治，农业防治为主，化学防治为辅"的原则，在增强瓜苗素质、清洁田间杂草、推广嫁接栽培等基础上，应用生物农药和低毒低残留农药防治。

猝倒病可在发病初期用5.80%代森锰锌M-45可湿性粉剂600倍液，或3.72%霜脲·锰锌可湿性粉剂600倍液喷雾；枯萎病在零星发病时可用1.77%氢氧化铜可湿性粉剂500倍液，或2.20%洛氨铜·锌水剂500~600倍液浇根，每穴浇灌200毫升；炭疽病在发病初期可用2.80%多·福美双可湿性粉剂800倍液，或6.25%吡唑醚菌酯乳油2 000倍液喷雾；蔓枯病在发病初期可用75%百菌清可湿性粉剂800倍液，或50%扑海因可湿性粉剂1 000倍液喷雾等。

黄守瓜可选用52.25%农地乐乳油1 500倍液，或48%乐斯本乳油1 000倍液喷雾；蚜虫可用3%啶虫脒微乳剂800倍液，或10%吡虫啉可湿性粉剂1 000倍液喷雾等。

9. 采收

当地销售果实完全成熟时采收；外销可适当提前采收。采收时用剪刀将果柄从基部剪断，每个果保留一段绿色果柄。

（二）松花菜

1. 品种选择

松花菜品种宜选择早中熟、耐热性较强的品种，如浙农松花50天、台松55天、台松65天、庆农65天、台蔬青梗松花65天、雪丽65天等。

2. 播种育苗

选用50孔或72孔穴盘基质育苗，苗床应选在地势干燥、通风凉爽处。

种子播后浇透水，后排盘于苗床，并覆1~2层遮阳网降温保湿，再搭建小拱棚。夏秋高温季节松花菜育苗期间常遭遇台风暴雨袭击、病虫害高发，因此小拱棚上可覆盖防虫网、遮阳网以防虫、降温、防雨。

3. 苗期管理

60%种子萌芽后，及时揭去盘面覆盖物，适当通风降湿见光，同时注意穴盘基质不能长期过湿或过干。苗龄一般掌握在25天以内，如果西瓜采收推迟，苗龄30天以上，可进行两段育苗，幼苗在穴盘内2~3片真叶时，按大小分级假植，假植苗距8~10厘米，待苗长到5~6片真叶时即可定植。苗期加强预防猝倒病、立枯病，防治甜菜夜蛾、斜纹夜蛾、小菜蛾、蚜虫等。定植前3~5天要进行高温炼苗，起苗前3~4小时浇透水，利于拔苗。

4. 整地定植

西瓜收获结束整地作畦，畦连沟宽1.3米，高0.3米以上，每亩施商品有机肥1000千克，钙镁磷肥25千克，45%三元复合肥100千克，硼砂1千克，每畦种2行，行株距65厘米×50厘米，每亩种植2000株，密度可根据品种、熟期适当调整。8月中下旬选阴天或傍晚选用壮苗，带土移栽，定植后浇1%尿素水溶液的定根水，干旱时在定植后的2~3天每天傍晚浇水，结合浇95%敌克松可溶性粉剂600~800倍稀释液，以利缓苗、防病。

5. 田间管理

（1）肥水管理。早、中熟品种秋栽生育期短，前期应注重营养生长，要"肥水齐攻，一促到底"，重施蕾肥，增施磷钾肥及硼、钼、镁等叶面微肥。苗期追肥2~3次，以氮肥为主，薄肥勤施，每亩用尿素10千克，每7天追肥一次；缓苗后立即追肥，不可蹲苗；莲座期每亩对水浇施氯化钾10千克，尿素10千克，硼砂1千克；现蕾前后每亩对水浇施氯化钾10千克，尿素10千克，45%三元复合肥20千克；花球始露心叶，及时浇水并重追肥，每亩用尿素25千克，促进花球膨大；适时叶面喷施0.1%~0.2%的硼砂液和0.2%磷酸二氢钾液2~3次，防止花球空心。

松花菜生长中后期叶片多达17~23张，蒸腾量大，易失水萎蔫，提倡肥料对水浇施，不仅能提高利用率、增加速效性，还可减轻植株干旱和失水萎蔫现象；莲座期和花球膨大期需保持土壤湿润、疏松，如遇久旱天气，生产上要沟灌跑马水、畦面覆草等。提倡使用微滴灌设施。

（2）培土。结合清沟锄草和施肥培土1~3次，以稳定根系生长的土壤环境，促发不定根，增强植株生长势和抗倒伏能力。

（3）折叶盖花球。花球受阳光直射易变黄，降低商品性。当花球始露出心叶或硬币大小时，要及时折叶盖花，覆盖的叶片萎蔫发黄后重新折换新叶，以保证花球洁白和品质优良。

6. 病虫害防治

秋栽松花菜全生育期均处病虫害高发季节，防治应预防为主，综合防治为辅，优先考虑生物物理防治。定植后，可在使用性诱剂、黄板等诱杀斜蚊夜蛾、菜青虫、蚜虫等的基础上，做好药剂防治，使用低毒低残留农药，且交替使用，不可盲目加大药量，采收前15天停止用药。

主要病害有黑腐病、软腐病、菌核病，高温期重发，软腐病、黑腐病可在雨前雨后及时喷77%可杀得可湿性粉剂600~800倍药液预防，发病初期用72%农用链霉素可湿性粉剂3 000倍液喷雾；菌核病可用40%菌核净可湿性粉剂2 000倍液喷雾。

主要虫害有菜青虫、小菜蛾、斜蚊夜蛾、蚜虫等。菜青虫可用15%安打悬浮剂3 000倍液，或5%氯虫苯甲酰胺悬浮剂1 000倍液喷雾；鳞翅目害虫可用10%除尽悬浮剂1 500倍液，或5%锐劲特悬浮剂1 500倍液喷雾；蚜虫可用3%啶虫脒微乳剂800倍液，或10%吡虫啉可湿性粉剂1 000倍液喷雾。

7. 采收

9月下旬至11月中下旬分批采收，陆续上市。花球充分发育长大，周边开始松散时及时采收，采收时留3~5片叶保护花球，避免贮运过程损伤或沾染污物。

第三节　瓠瓜—四季豆栽培模式

一、茬口安排

瓠瓜4月下旬至5月上旬直播，6月下旬始收，7月底结束；8月上中旬四季豆在瓠瓜两株间挖穴直播，9月底始收，10月底结束（图4-3）。

二、栽培管理

（一）瓠瓜

1. 品种选择
品种可选用浙蒲6号、浙蒲8号等。

2. 整地施基肥
选海拔400~700米，土层深厚，土质疏松、肥沃、阳面地块，冬季深

瓠瓜　　4月下旬至5月上旬直播，6月下旬始收，7月底结束

四季豆　　8月上中旬四季豆在瓠瓜两株间挖穴直播，9月底始收，10月底结束

图4-3　瓠瓜—四季豆栽培模式

翻，晒土冻垡，杀灭病虫卵。每亩施腐熟厩肥3 500~4 000千克，含硫复合肥40~50千克、磷肥25~30千克，翻耕入土作畦。畦宽1.2米，沟宽30~40厘米，深35厘米。

3. 播种定植

4月下旬至5月上旬直播，每亩用种量200克。每畦播2行，行距75~90厘米，株距60~75厘米，播1 200穴左右。

4. 大田管理

出苗前保持80%湿度，播后7天左右出苗。齐苗后施稀薄人粪肥，中耕除草。蔓长50厘米左右时搭2.5米高"人"字架，引蔓上架。主蔓1米长后打顶，侧蔓结瓜后打顶，以后任其自然生长或视长势再打顶1次。打顶后每亩施尿素5千克，头批瓜采收后每亩施复合肥8~10千克和600倍液海藻肥。追肥可在两株植株间穴施，也可在行外近沟15厘米处条施。瓠瓜喜晴怕雨，旱时及时浇（灌）水，忌漫灌。

5. 病虫防治

注意防治白粉病、病毒病、炭疽病和霜霉病等病害。

6. 采收

6月下旬始收，7月底结束，采收期约50天。

（二）四季豆

1. 品种选择

品种可选浙芸3号、红花白荚、红花青荚等。

2. 种子处理及播种

挑选颗粒饱满新种子，晒种1~2天，用多菌灵500倍液浸种20~30分钟后清水洗净，或用种子重量0.2%~0.3%的拌种双或敌克松药粉拌种，在原瓠瓜两植株间挖穴直播，每穴3粒，每亩用种量为1.5~2千克。播后覆细土或焦泥灰，及时补苗。

3. 大田管理

爬蔓前进行除草培土2次，用田间杂草或稻草覆盖畦面，防止高温伤根而引起植株早衰。主蔓超过架顶时进行打顶。开花结荚期及时灌跑马水，雨后及时开沟排水。苗期和抽蔓期每亩追施6~7.5千克复合肥2~3次，开花结荚期每亩追施10~15千克复合肥3~4次，也可结合病虫防治喷施叶面肥。

4. 病虫害防治

病害主要有锈病、根腐病、细菌性疫病，适时防治。

5. 采收

以荚长10厘米左右、大小均匀、表面籽粒不凸显为最佳采收期，一般花后10天左右即可采收，每天或隔天进行1次。9月底始收，10月底结束。

第四节　辣椒＋鲜食玉米栽培模式

辣椒是杭州山地主要栽培的蔬菜品种之一，为进一步提高复种指数和土地利用率，增加农民收入，近年来，各地大力推广辣椒套种鲜食玉米立体栽培模式，每亩增收纯效益超千元，经济效益和社会效益显著（图4-4）。

一、茬口安排

选择在海拔400~1 000米山地越夏栽培，并以坐西朝东、坐北朝南、坐南朝北方向的地形为好，不宜选择坐东朝西方向的地块。辣椒在3月底至4月中旬播种，5月下旬至6月上旬移栽，7月上旬至10月底采收；玉米在4月下旬至5月上旬播种，5月中下旬移栽，8月上中旬采收。

图4-4　辣椒＋鲜食玉米栽培模式

二、栽培管理

(一) 辣椒

1. 品种选择

辣椒应选用耐热、适应性强、抗病高产、商品性好、耐贮运的优质良种，本地主栽品种有鸡爪×吉林、采风1号、千丽1号、鸿运大椒等。

2. 培育壮苗

(1) 种子处理。可采用温汤浸种或药液浸种消毒。

①温汤浸种：用55℃热水浸种10~15分钟，期间不断搅拌，待水温降至30℃左右时再浸种2小时。

②药液浸种：可用10%磷酸三纳液浸种20分钟或用1%硫酸铜溶液浸种5~10分钟，然后冲洗至无药味，再放在20~25℃温水中浸种催芽6~8小时。浸种结束后，洗净种子表面黏附物，用纱布包好进行体温催芽，待60%~70%种子露白后播种。

(2) 播种。根据不同地块海拔高度差异，在3月下旬至4月中旬播种，每亩大田用种量20~30克。可采用苗床育苗或穴盘育苗，以穴盘育苗最佳。

①苗床育苗：采用稻田土6~7份、腐熟有机肥2~3份、草木灰1份，加三元复合肥0.2%、钙镁磷肥0.2%配制营养土，充分拌匀，堆制1个月以上。每亩准备苗床6~8平方米，分苗床35~38平方米，苗床畦宽1.3~1.5米，沟

深30厘米，营养土均匀铺在畦面上，厚度10厘米。播种后浇透水，覆盖细培养土厚1.0~1.5厘米，加盖稻草或地膜保湿，搭小拱棚。

②穴盘育苗：可选择32孔或50孔穴盘，穴盘装满培养土或专用基质（如金色3号），刮平后，每穴播1粒种子，撒少量百菌清或多菌灵农药预防猝倒病等苗期病害，浇透水，覆细培养土厚0.5~1.0厘米，放入小拱棚内，加盖地膜保湿，夜间在小拱棚上加盖草帘。白天苗床温度控制在25~30℃，夜间20℃左右，一般3~5天即可出苗。

（3）苗期管理幼苗顶土后，及时撤除覆盖物，以防徒长，造成细弱苗。出苗后适当蹲苗，当幼苗长有一叶一心或二叶一心时，结合防病喷施磷酸二氢钾500倍液1次，辣椒应及时分苗。移栽前7天放风炼苗，促使秧苗健壮。移栽前1天或当天浇1次透水，防止小苗脱水，以利活棵，促进早发。

3. 整地做畦

定植前施足基肥，精细整地，每亩施腐熟农家有机肥2 500~3 000千克加三元复合肥和钙镁磷肥各30~40千克、石灰70~100千克。农家有机肥宜在畦中间开沟深施，化肥和石灰均匀撒施于畦面，再翻耙入土。按南北向筑畦宽1.2~1.3米（连沟），深25~30厘米，每2畦留60厘米预留行套作鲜食玉米。

4. 适时定植

5月中旬至6月中旬选择晴天定植，挑选健壮秧苗，带土带药移栽。每畦栽2行，株距30~35厘米，每亩栽2 500株左右，栽植深度以子叶痕刚露出土面为宜，移栽后即用10%腐熟粪水或0.1%~0.2%尿素液点根，促进缓苗。为预防青枯病、枯萎病等细菌性病害，可选用农用链霉素、新植霉素可湿性粉剂3 000倍液、46.1%氢氧化铜水分散粒剂800倍液，加入点根肥水同时浇灌。

5. 田间管理

（1）肥水管理。追肥应掌握前期轻施、结果期重施、少量多次的原则。定植后至第1个果膨大时，结合中耕追肥2~3次，每次每亩施20%~30%腐熟人粪尿800~1 000千克或三元复合肥10~15千克；结果盛期每隔10~15天追肥1次，每亩施三元复合肥10~15千克或尿素8~10千克。根外追肥，可结合防治病虫害加入0.2%磷酸二氢钾或有机叶面肥一起喷雾。

（2）整枝搭架。辣椒第1花序（门椒）以下各叶节均可发生侧枝，消耗植株营养，影响通风透光，引起落花落果和果实发育，应选择晴天及时整枝，剪除第1花节（门椒）以下各叶节侧枝。为防止植株倒伏，影响辣椒产量，除做好中耕培土外，应在封垄前搭简易支架。用长45~50厘米小竹竿或小木棍，在距植株10厘米处插1立柱，或在畦两侧用小竹竿或小木棍搭简易栅形支架，高40~50厘米，采用"∞"形绑缚方式将植株主秆绑在立柱或支架上。

6. 病虫害防治

病虫害防治应贯彻预防为主、综合防治的植保方针，积极运用农业措施，优先采用杀虫灯、昆虫诱捕器等物理方法，大力提倡生物防治，协同开展化学防治。

（1）辣椒猝倒病。可选用64%恶露·锰锌可湿性粉剂500倍液，或80%代森锰锌可湿性粉剂600倍液，或64%杀毒矾可湿性粉剂500倍液防治。

（2）辣椒疫病、炭疽病。可选用5%井冈霉素水剂1 500倍液，或75%百菌清可湿性粉剂600倍液，或36%甲基托布津悬浮剂500倍液防治。

（3）辣椒病毒病。可用20%病毒A可湿性粉剂400~600倍液，或5%菌毒清水剂200~300倍液等喷雾防治。

（4）烟青虫。可用5%氯虫苯甲酰胺悬浮剂1 500倍液，或用2.5%功夫乳油5 000倍液喷雾防治。

7. 及时采收

辣椒鲜果应根据市场或加工企业要求及时采收。7—8月，山区温度较适宜，辣椒果实膨大快，每隔1~2天在上午露水干后或傍晚时采收1次。

（二）鲜食玉米

1. 品种选择

鲜食玉米应选择皮薄甜软、高产、商品性佳、适应性广的超甜玉米、甜玉米或甜糯玉米品种，本地主栽品种有先甜5号、金中玉和钱江糯3号等。

2. 培育壮苗

（1）种子处理。甜玉米宜在播种前1周选择晴天晾晒种子1~2天，按大、中、小分级后，分批用0.2%~0.4%磷酸二氢钾或0.02%~0.05%硫酸锌溶液浸种4~5小时，然后冲洗2遍，再放在清水中浸种4~5小时，捞出种子沥干水分，置于25~30℃环境条件下催芽，待70%~80%种子露白后播种。

（2）播种。根据不同地块海拔高度差，玉米在4月下旬至5月上旬播种，每亩大田用种量150~200克。可采用苗床育苗或穴盘育苗，以穴盘育苗最佳。

（3）苗期管理。幼苗出土后，及时撤除覆盖物，以防徒长，造成细弱苗。移栽前7天放风炼苗，促使秧苗健壮。移栽前1天或当天浇1次透水，防止小苗脱水，以利活棵，促进早发。

3. 适时定植

甜玉米育苗移栽最佳时间为5月中下旬，即播种后15~20天，幼苗具备二叶一心或三叶一心时移栽。将玉米苗定植于预留行中间，穴距25~28厘米，每亩栽1 000株左右。

4. 田间管理

（1）肥水管理。甜玉米与辣椒共生期较长，前期肥水管理可与辣椒同步进行。甜玉米耐肥力较强，可于拔节期每亩用尿素10千克、三元复合肥10千克与干塘泥拌匀施于离根际10厘米处，并及时补水；大喇叭口期是玉米雌穗小花分化和决定籽粒数的关键时期，每亩可用尿素15千克、三元复合肥15千克混匀施用，施后及时灌水。

（2）人工授粉。甜玉米在散粉期间宜采用人工辅助授粉，可用竹竿轻拂玉米雄花花序赶花，以增加籽粒数，减少秃尖现象。如遇阴雨天气应加强人工授粉。

5. 病虫害防治

甜（糯）玉米因其茎秆、叶、苞、轴等含糖量高，极易招致玉米螟、金龟子、蚜虫等。苗期应积极防治蚜虫与灰飞虱，预防玉米粗矮缩病，可用25％吡蚜酮可湿性粉剂2 000倍液喷雾防治；大喇叭口期重点防治玉米螟，可10亿个PIB/毫升银纹夜蛾核型多角体病毒悬浮剂800倍液，或5％氯虫苯甲酰胺悬浮剂1 500倍液喷雾心叶内，也可以接种赤眼蜂卵块防治。

6. 及时采收

甜玉米鲜果穗应掌握在玉米乳熟期采收，收获过早或过晚都会影响其商品性和营养品质，失去特有风味。采收期可通过看苞米花丝色泽、手指掐嫩籽粒、品尝甜味等方法确定。夏季天目山区鲜食玉米采收期一般在授粉后19~24天。将采后的鲜果存放在阴凉处，并及时分级包装，运抵市场销售。包装物及运输车辆应环保无污染，贮运过程中要防止果实受损伤。

第五节　番茄—黄心芹设施栽培模式

一、茬口安排

适栽区域为海拔高度700~1 000米山区。番茄采用异地育苗，1月份育苗，4月中旬定植，6—11月采收；黄心芹9月下旬育苗，11月中旬移栽，翌年2—3月上市（图4-5）。

番茄　　1月份育苗，4月中旬定植，6—11月采收

黄心芹　　9月下旬育苗，11月中旬移栽，翌年2—3月上市

图4-5　番茄—黄心芹栽培模式

二、栽培管理

(一) 番茄

1. 品种选择

高山地区交通运输不便，生长季节长，应选用硬果、无限生长类型品种。

2. 提早播种

采取异地育苗，1月底在山下大棚内播种育苗，4月上旬运到高山大棚定植。

3. 培育壮苗

采用育苗盘播种培育小苗，再移植到20孔穴盘培育壮苗待定植。

4. 整地定植

定植前10~15天结合翻耕施足长效有机肥，黑地膜全覆盖畦面，双行定植，株距40厘米，每亩栽2 200株左右。

5. 大棚管理

定植前搭好大棚，以钢架大棚为宜，棚顶盖塑料薄膜，四周覆围裙膜，前期温度低，起保温防冻作用；随着温度升高，白天需掀起裙膜通风；当棚内白天最高温在30℃以上，可拆除四周围裙膜，留顶棚膜避雨。晴天高温时，在10：00—15：00时可在大棚顶上加盖一层遮阳网，防止番茄嫩叶、花、幼果灼伤。

6. 田间管理

（1）整枝绑蔓。株高40厘米左右时，选用200厘米长的竹竿搭人字架，并及时绑蔓。有限生长型品种采用双秆整枝，无限生长型品种采用单秆整枝。封行后结合整枝及时摘除老叶、病叶，以改善通风透光条件，减少病虫害的发生。

（2）保花保果。在早春低温期严格正确使用生长激素，以保证坐果。每一个花序有2~3朵花开放时用25~40毫克/升防落素喷花，一般早春低温时多选晴天上午10：00时以后，每4~5天喷1次，高温时选傍晚时分，每隔3天喷1次，一般1个花序喷1次，可结果2~3个以上。

（3）疏果留果。为保证养分集中供应，提高果实商品性，根据植株生长状态，幼果期便及时除去畸形果、小果和病果，一般大果型品种每花序留3~4个果，中果型品种每花序留4~5个果。

（4）追肥。番茄长季节栽培，生长期和连续采果期长，需充足的养分供根系吸收。定植时施足长效有机肥，在3~4穗坐果后，再及时追肥。追肥以钾肥和氮肥为主，多次施用。一般把地膜揭起撒在土表，以后在晴天中午，每天用微灌带滴水，每次灌2~3小时，番茄植株在中后期需水量很大，施肥一定要结合灌水。

（5）病虫害防治。注意防治茎基腐病、青枯病、病毒病、晚疫病、早疫病、灰霉病、脐腐病等病害和蚜虫、烟粉虱、蓟马、茶黄螨、烟青虫、地下害虫（小地老虎、蝼蛄、蛴螬）等虫害。可用吡唑醚菌酯乳油、中生菌素、吗啉胍·乙铜、代森锌、唑醚·氟酰胺等防治。

7. 采收上市

番茄果面有3/4面积转成红色应及时采收，剔除畸形果、空果、病虫果，清除果面污渍，保持果面清洁，按大小分级用纸箱精包装后投售市场。

（二）黄心芹

1. 育苗

黄心芹9月下旬大棚育苗，此时气温较高，应在大棚上盖遮阳网，防范暴雨、台风及大太阳直晒，以保证苗齐、苗全。视土壤墒情每天早晚适量喷水，70%~80%出苗时结束喷水；以后随气温降低，掀掉遮阳网，遇大雨等灾害性天气要及时做好防范措施。

（1）肥水。小苗期水分不要过湿，一般见湿见干就可以了。水分太湿，加上遮阳，易产生陡长苗，不利定植。以后根据天气变化情况，一般7天左右浇一次。在小苗已基本遮住地面，气温慢慢下降时，可适当蹲苗，防止徒长，为定植准备壮苗。

（2）病虫害。苗期病虫害有蝼蛄、蚜虫及猝倒病。蝼蛄用辛硫磷随水灌根；蚜虫用吡虫啉、啶虫脒、阿维菌素等喷雾；猝倒病用农用链霉素、甲基硫菌素等防治。

2. 定植

芹菜苗龄50~60天，11月中旬开始移栽。

（1）整地。番茄采收结束后要及时清园，清除残枝败叶，减少虫源。移栽前一定要整好地，施足肥，一般移栽前10天每亩施腐熟的有机肥2 500千克，复合肥50千克，深翻拌匀，并施生石灰50千克，中和酸碱度，减少土传病害。

（2）定植密度。一般行株距8厘米×10厘米。每亩定植40 000株左右。根据收获时间，适当掌握稀密程度。

（3）苗的选择。应选健壮无病，整齐一致，根系粗壮的苗定植。定植前几天追肥、防病1次，定植前将苗床灌水，使小苗带根、带土、带肥、带药起苗。拔苗时选大小一致的，这样生长整齐，便于管理。

（4）定植方法。3株一穴，定植后用土把根埋上，埋土的标准是盖上根但不压心叶。定植后及时用腐熟人粪尿稀释作定根水，防止干死苗。

3. 田间管理

（1）扣棚保温。扣棚时间最好是在定植5天以后进行，以防定植浇水后地太湿，棚膜可选用无滴膜，顶棚和裙膜要固定好，裙膜四周压土，做好密闭，以提高大棚内的温度。冬季大风、多雪等天气要做好防范措施。

（2）肥水。追肥以速效氮肥为主，结合灌水轻施勤追，畦面应保持湿润，但不能积水。追肥以碳铵和腐熟人粪尿为好，尿素施用太多和水分不足易造成纤维素多、粗硬、口感差。

（3）病害。主要是斑枯病、灰霉病，发病初期可用异菌脲、多菌灵、代森锰锌等防治，并加强通风。

4. 采收

采收前半个月可用生长调节剂，促进芹菜拔长，增加产量。当植株7叶以上，整株拔起，洗去根部泥土，捆扎上市。

第六节　春瓠瓜—秋四季豆—冬莴苣设施栽培模式

一、茬口安排

春季瓠瓜3月上旬播种育苗，苗龄30天左右，5月底至7月下旬采收完；四季豆7月下旬或8月上旬于瓠瓜两株间挖穴播种，9月底至10月中旬采收完成；莴苣于9月中旬育苗，苗龄30天左右，10月底移栽，2月可采收上市（图4-6）。

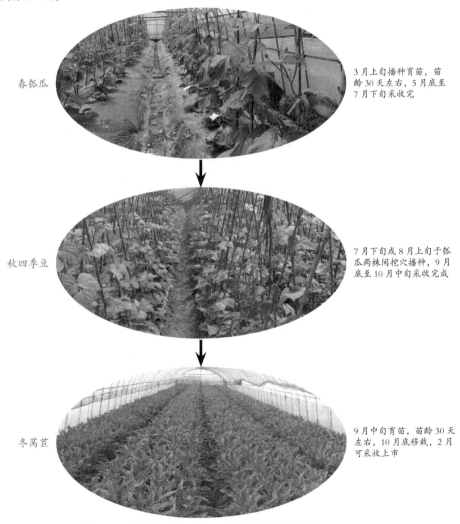

春瓠瓜　　3月上旬播种育苗，苗龄30天左右，5月底至7月下旬采收完

秋四季豆　　7月下旬或8月上旬于瓠瓜两株间挖穴播种，9月底至10月中旬采收完成

冬莴苣　　9月中旬育苗，苗龄30天左右，10月底移栽，2月可采收上市

图4-6　春瓠瓜—秋四季豆—冬莴苣设施栽培模式

二、栽培管理

(一)春瓠瓜

1. 品种选择

低温和弱光照是山地设施早熟栽培中影响瓠瓜正常生长的主要限制因子。因此,在选择栽培品种时应主要考虑品种的耐低温弱光能力和品种的商品性。浙蒲6号近年来在山区种植表现早熟性突出,耐低温、弱光照能力强,坐果率高,嫩瓜上下端粗细较均匀,为山地设施早熟栽培的首选品种。

2. 培育壮苗

3月上旬采用大棚穴盘育苗,种子用50~55℃温水浸泡15分钟后再用常温水浸泡8小时,种皮吸足水分即可播种。育苗期间根据温度变化掀盖小拱棚,早晚及时浇水,注意防治蚜虫,定植前喷1次75%百菌清可湿性粉剂600倍液防治立枯病。

3. 整地定植

选土层深厚、土质疏松的阳面地块,冬季深翻、晒土冻垄、杀灭病虫卵,每亩施腐熟有机肥2 500千克,草木灰500千克,三元复合肥20千克,磷肥30千克,翻耕入土作畦,覆盖黑地膜,畦宽1.2米,沟宽30~40厘米,深35厘米。幼苗两叶一心时定植,立架栽培,每畦播2行,行距80厘米,株距60厘米,每亩播1 400株左右。

4. 田间管理

(1)肥水管理。生长前期浇施10%腐熟人粪肥或0.3%尿素、过磷酸钙稀释液;植株摘心后每亩施三元复合肥15千克;结瓜后,果实膨大期施三元复合肥10千克、尿素10千克,采收期间隔10天左右施1次追肥,前1次以三元复合肥为主,后1次以速效氮肥为主,每次每亩用量10~15千克;叶面喷施0.3%磷酸二氢钾液或0.1%喷得利等微肥。干旱期间及时浇(灌)水,也可结合追肥进行。

(2)搭架整枝。蔓长50厘米左右时,搭高度约2.5米高的人字架,引蔓上架;主蔓长至100厘米时摘芯,侧蔓结瓜后再摘芯,以后任其自然生长或根据长势情况再摘芯一次;及时摘除老叶、黄叶、病叶,后期棚内温度升高,可适当摘除密度高的底层叶来增加通风透光性。

(3)疏花疏果。可于雌花开放前进行疏花,每株留花3~4朵,以促进优良的雌花发育;幼瓜应让其自然吊空,基部50厘米以下节位瓜和畸形瓜、弯曲瓜、虫蛀瓜要及早摘除,以免影响其他瓜生长。

5. 病虫防治

注意防治白粉病、病毒病、炭疽病、霜霉病等病害和蚜虫、潜叶蝇等虫害。

白粉病可于发病初期用10％苯醚菌酯悬浮剂2 000倍液喷雾，同时加强肥水管理；病毒病可用20％吗啉胍·乙铜可湿性粉剂500倍液防治，也可结合防治同翅目害虫预防，在发病初期，用20％康润1号可湿性粉剂与0.04％芸苔素内酯水剂合用，可大幅度提高防效；炭疽病可用25％炭特灵可湿性粉剂500倍液喷雾防治；霜霉病可在病害初发时隔5~7天喷1次25％甲霜灵可湿性粉剂1 500倍液，或70％代森联水分散粒剂500倍液，根据天气与病情发展使用1~2次。

蚜虫可用初发时用10％吡虫啉可湿性粉剂2 000倍液，或10％吡丙醚悬浮剂800倍液，或25％吡蚜酮可湿性粉剂2 000倍液防治；潜叶蝇在始发期用1％甲维盐乳油3 000倍液，或50％灭蝇胺可湿性粉剂2 000~2 500倍液，或2.5％氯氟氰菊酯乳油750~1 500倍液喷雾防治。

6. 适时采收

开花后10~15天即可采收上市，一般瓠瓜始收至末收持续约50天。商品瓜以单瓜重400~600克，瓜长35厘米左右为宜，且无虫斑、病斑、畸形、伤痕，色泽亮绿。

（二）秋四季豆

1. 适期播种

品种以浙芸3号和红花白荚为主，播前精选种子，并在太阳下晒种1~2天，以杀死种子表面的部分病菌，7月下旬至8月上旬均可播种，在原瓠瓜两株间挖穴直播，每穴3粒，每亩用种量2千克。

2. 田间管理

（1）清园除草。瓠瓜采收完毕后及时清除田间植株和沟中杂草，四季豆播后10天左右苗齐时，植株基部的杂草用手拨除，不要损伤植株根系；爬蔓搭架前，进行第二次除草，并清沟培土于植株茎基部，以促发不定根。

（2）查苗补缺。从播种至第1对真叶露出，需7~10天，出苗后要及时查苗、补苗，心叶展开后及时间苗，每穴留健壮苗2株。

（3）搭架引蔓。在抽蔓约10厘米时，选用长2.5米左右竹竿或树枝及时搭成人字架，架竿应插在离植株根部10~15厘米处，稍向畦内倾斜，在架材中上部约2/3交叉处横绑一根，使支架更为坚固。在晴天下午，人工按逆时针方向引蔓上架。生长期间要及时摘除植株中下部的老叶、黄叶、病叶，以利植株通风透光，防止落花落荚。

（4）棚温管理。生长前期山区气温还较高，应常开边膜通风，保持棚内温度不高于28℃，秋季后期遇低温密闭大棚，保持夜间棚内温度不低于10℃，进入开花结荚期通常白天温度以25~28℃，夜间以15~20℃为宜，相对湿度为80%。

（5）肥水管理。生长前期和抽蔓初期浇施10%腐熟人粪尿或0.3%~0.5%尿素、钙镁磷肥稀释液2次；结荚后每亩施入三元复合肥15千克；采收期每隔7天施1次速效肥，复合肥和尿素交替施用，每亩用量5.0~7.5千克；叶面喷施0.3%磷酸二氢钾液或微肥等2~3次。

3. 病虫害防治

一般山区四季豆病害主要有炭疽病、锈病、根腐病、蚜虫、豆荚螟等，要坚持"预防为主，综合防治"的原则，优先选用防虫网、性诱剂等生物物理防治技术。病虫发生初期选用低毒高效化学农药防治。

炭疽病可选用45%咪鲜胺水乳剂3 000倍液，或70%代森联水分散粒剂800~1 200倍液喷雾防治；锈病可喷施15%三唑酮可湿性粉剂1 500倍液，或65%代森锌可湿性粉剂500~700倍液防治；根腐病可用50%多菌灵可湿性粉剂800倍液加10%三唑酮可湿性粉剂1 500倍液喷雾防治。

蚜虫可选用10%吡虫啉可湿性粉剂2 000倍液喷雾防治；豆荚螟可用5%氟虫苯甲酰胺悬浮剂1 500倍液喷雾防治，做到治花不治荚，花蕾和落地花并治，同时注意农药安全间隔期。

4. 适时采收

由于采食嫩荚，当荚条粗细均匀，荚面豆粒未鼓出时为采收适期，一般在花后7~10天即可采收上市，每天或隔天采收1次，以傍晚采收为好，同时做好分级包装，以提高其商品性和经济效益。

（三）冬莴苣

1. 品种选择

宜选用挂丝红、红剑等外皮淡紫红色、肉翠绿色，全生育期100~120天品种。

2. 培育壮苗

种子用25℃的水浸5~6小时，捞出，晾干后用纱布包好，放在16~20℃环境中催芽，待80%种子露白时播种至遮阴苗床，每平方米播种量1~1.5克，幼苗二叶期和三叶期各删密补稀1次，苗期适当控制浇水，以利壮苗培育。

3. 合理密植

移栽前7~10天，结合整地每亩施腐熟有机肥2 000千克、三元复合肥20千克、过磷酸钙25千克，并做成宽1.5~1.6米的畦。幼苗有5~6片真叶，苗龄25~35天时定植，株行距(20~25)厘米×(25~30)厘米，每亩栽5 000~7 000株。

4. 田间管理

定植后浇1次定根水，以后适当控制浇水，促进根系发育。生长中后期随着肉质茎的膨大，应适当加大肥水，促进地上部生长发育。肉质茎膨大期可结合浇水追施2次三元复合肥，每次间隔10天，每次每亩5千克。莴苣生长需较冷凉的气候条件，一般在最低气温接近0℃时，大棚覆膜保温，覆膜不宜过早，否则莴苣易徒长、抽薹。当夜间最低气温达-2℃时，再在大棚内加盖二层膜，以防低温冻害。

5. 病虫害防治

大棚冬春莴苣病害以霜霉病和菌核病为主，虫害以蚜虫为主。霜霉病可在病害初发时隔5~7天喷1次25%甲霜灵可湿性粉剂1 500倍液，或70%代森联水分散粒剂500倍液，根据天气与病情发展使用1~2次。菌核病可在发病初期用70%代森锰锌可湿性粉剂500倍液，或70%甲基硫菌灵可湿性粉剂1 000倍液喷雾防治。蚜虫可用10%吡虫啉可湿性粉剂1 000倍液喷雾防治。

6. 适时采收

一般心叶与外叶相平时即可采收，要及时采收，采收过迟易空心。

第七节　根菜—茄果—叶菜一年三茬设施栽培模式

一、茬口安排

选择土层深厚、疏松肥沃、排灌相对方便、海拔600~800米、配有钢管大棚的山地。春季根菜类蔬菜2月上旬播种，4—5月始收，半个月至一个月左右采收完。茄果类蔬菜4月上旬异地育苗，6月上旬定植，7月上中旬始收，可采到山区下霜前约10月上中旬。叶菜类蔬菜据品种不同分两种方式接茬，9月中旬异地育苗，10月中下旬移植，翌年1月始收，至2月结束；或茄果类蔬菜采收完成后进行直播，一次播种多次采收(分批播种分批采收)，至翌年2月结束(图4-7)。

胡萝卜　2月上旬播种，4—5月始收，半个月至一个月左右采收完

茄子　4月上旬异地育苗，6月上旬定植，7月上中旬始收

叶菜　9月中旬异地育苗，10月中下旬移植，翌年1月始收，至2月结束

图4-7　根菜—茄果—叶菜一年三茬设施栽培模式

二、栽培管理

（一）春季根菜类蔬菜

1. 品种选择

根菜类蔬菜宜选用生长期短、耐寒性强、春化要求严格、不易抽薹的品种。萝卜有白玉春、春白玉和长春大根等品种；胡萝卜有红芯四号、春红二号等品种。同时各品间的搭配和布局要符合市场消费习惯，以消费量大、品质优的品种为首选，并不一定要以产量高的种类为首选条件，要根据当地市场行情，以最终纯收入为选择依据。

2. 适时播种

大棚设施栽培，萝卜2月上旬播种，4月上旬开始采收。播种过早、低温等易春化作用，造成先期抽薹；播种过晚则糠心，商品性降低。

3. 合理密植

根菜类蔬菜可根据生产适当密植，增加产量。如萝卜每穴1~2粒，每亩播种量100~200克，每畦两行，行距25~30厘米，株距20~27厘米，一般每亩6 500~8 000株。播种后用细土覆盖0.5厘米，然后覆盖地膜保温，要求铺平拉紧，紧贴地面，以提高地温，保持土壤湿润，促进种子发芽。

4. 科学施肥

多茬种植提高了土地利用率和复种指数，但蔬菜从土壤中吸收入的营养成份也成倍增加，生产中要种地养地相结合，施足基肥，适当追肥，避免出现大小年现象，确保蔬菜的产量及品质。因管理不当，造成头年产量、品质不错，后来逐年变差，这与肥料投入少、管理不到位非常有关系。播前每亩施腐熟有机肥2 000千克，过磷酸钙30千克，尿素20千克，三元复合肥30千克作基肥；播种后追肥至少2次，每次每亩施复合肥25千克。

5. 田间管理

蔬菜生长期间，要加强间苗、浇水、排涝、病虫害防治等田间管理措施。特别要重视病虫害防治，采用以农业防治为主的综合防治技术，并以生物农药为首选农药，科学使用农药。田间管理上，应采用大棚、地膜提早栽培，出苗及时破膜引苗，视天气情况进行放风，降低大棚内的温度与湿度。

6. 适时采收

为提高经济效益，顺利接茬，应及时采收商品蔬菜。如萝卜地上部直径达到5~6厘米以上，重约0.5千克时，即可分批收获供应市场，延迟收获易产生糠心现象，失去食用价值，降低经济效益。采收结束后，及清除残枝败叶等，集中处理，减少病虫害发生率；残枝败叶等最好集中灭菌、腐熟后还田；大棚内使用百菌清农药对地块进行杀菌防病，并每亩施生石灰50千克，中和酸碱度，对降低土传病害有一定的作用。

（二）茄果类蔬菜

1. 品种选择

茄果类蔬菜主要是茄子、辣椒、番茄，宜采用生长势强、耐热、耐旱、耐贮运的种类。茄子有引茄一号、杭州长茄等品种；辣椒有大辣椒品种、小尖椒品种，大辣椒有采风一号、宁椒3号、萧丰19等品种，小尖椒有杭椒（杭州鸡爪×吉林早椒）、蓝园之星、千丽2号等品种；番茄有合作903、浙杂系列、百利等品种。

2. 适时播种

茄果类蔬菜4月上旬异地播种育苗，6月上旬定植，7月上中旬始收。

3. 合理密植

茄果类蔬菜如小尖椒选择6月上旬的晴天定植，每畦栽两行，行株距60厘米×35厘米，每亩定植3 500株左右，定植后随即浇稀人粪尿定根。

4. 科学施肥

茄果类蔬菜要求每亩施腐熟农家肥3 000千克，复合肥40千克；定植后结合中耕追肥一次，每亩用复合肥10千克浇施，以利促苗；进入结果期后，每亩施稀人粪尿1 500千克及复合肥15千克，以后每收获1~2批果后，及时进行追肥。

5. 田间管理

蔬菜生长期间，要加强间苗、浇水、排涝、病虫害防治等田间管理措施。特别要重视病虫害防治，采用以农业防治为主的综合防治技术，并以生物农药为首选农药，科学使用农药。田间管理上，要做好整枝保果，摘叶通风工作，由于山区风大、暴雨多，植株易倒伏，要做好相关措施。

6. 适时采收

小尖椒一般果长5~8厘米时采收，如采摘过大，成为大辣椒，价格低，达不到高效益；茄子当萼片与果实相连处的白色环状带（俗称茄眼）不明显时，一般开花后的18~20天就可采收，采的过老，失去商品性，产量高没收入；番茄果实表面全部变红即可，远途运输的番茄，应在青熟期或转色期采收，以提高番茄的商品性，达到高产高效。

（三）叶菜类蔬菜

1. 品种选择

叶菜类蔬菜主要是芹菜、茼蒿、菠菜、生菜、香菜等，宜采用耐寒、冬性强、抽薹迟的种类。芹菜有上海黄心芹、津南实芹等品种；茼蒿有小叶种、大叶种等品种；菠菜有全能波、尖波、圆波等品种；生菜有结球、不结球、红叶生菜等品种；香菜有青梗香菜、紫梗香菜、山东大叶等品种。。

2. 适时播种

叶菜类蔬菜，如芹菜9月中旬异地育苗，10月中下旬移植，翌年1月始收，至2月结束；茼蒿可在10月中下旬至11月份直接散播或条播；菠菜、生菜、香菜等都可在10月中下旬至11月份直接散播。

3. 合理密植

叶菜类蔬菜可根据生产适当密植，增加产量。如芹菜苗龄50~60天，

10月中下旬开始移栽，一般行株距8厘米×10厘米，3株1穴，每亩定植400 000穴左右；茼蒿主要采用条播、撒播，每亩用种量5~7千克，条播在畦内按10~20厘米开沟，深1~1.5厘米，沟内撒入种子，盖土浇水；撒播时撒种要均匀，覆土0.5~1厘米，浇透底水。

4. 科学施肥

叶菜类蔬菜，因品种不同需肥量不同，如芹菜每亩施腐熟的有机肥2 500千克，复合肥50千克，追肥以速效氮肥为主，结合灌水轻施勤追；茼蒿每亩施优质农家肥2 000千克，磷酸二铵25千克，以后每次采收前10天追施1次速效性氮肥，每亩施硝酸钾15千克或尿素20千克左右。

5. 田间管理

蔬菜生长期间，要加强间苗、浇水、排涝、病虫害防治等田间管理措施。特别要重视病虫害防治，采用以农业防治为主的综合防治技术，并以生物农药为首选农药，科学使用农药。田间管理上，有的要扣棚保温，有的要遮阳，各种生产管理措施要实施到位。

6. 适时采收

芹菜元旦起可选植株较大的摘外叶上市，春节期间连根拔起供应；茼蒿40~50天就可采收，可分批播种分批收获或一次播种多次采收，用刀在主茎基部留3厘米（4~5片叶）左右或1~2个侧枝处割下，间隔20天左右又可采收；菠菜、生菜、香菜等可视市场情况多次播种，多次采收。

第八节　萝卜—黄瓜—四季豆—芹菜一年四茬设施栽培模式

一、茬口安排

春季萝卜2月上旬播种，4月上旬始收，半个月左右采收完；黄瓜4月中旬直播，6月上旬始收，7月上中旬采收完；四季豆7月中下旬直播，9月上旬始收，可采到10月上中旬；芹菜9月中旬异地育苗，10月中下旬移植，翌年1月始收，至2月结束（图4-8）。

二、栽培管理

选海拔在400~500米的山地，要求土层深厚、疏松肥沃、排灌方便，并配有钢管大棚。

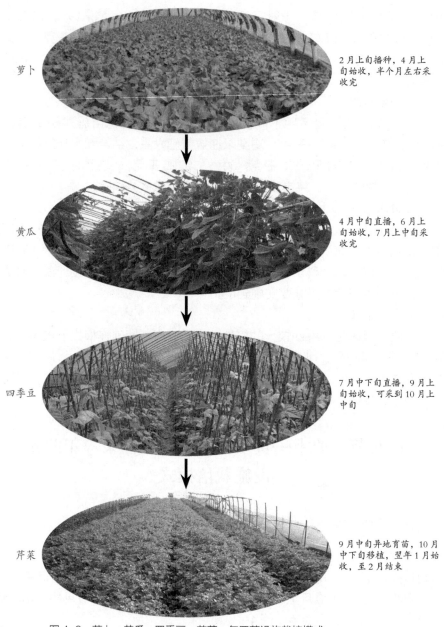

萝卜　2月上旬播种，4月上旬始收，半个月左右采收完

黄瓜　4月中旬直播，6月上旬始收，7月上中旬采收完

四季豆　7月中下旬直播，9月上旬始收，可采到10月上中旬

芹菜　9月中旬异地育苗，10月中下旬移植，翌年1月始收，至2月结束

图4-8　萝卜—黄瓜—四季豆—芹菜一年四茬设施栽培模式

（一）萝卜

1. 播期及品种

春季萝卜播期是栽培成败的关键，大棚设施栽培2月上旬播种，4月上

旬开始采收。播种过早、低温等易春化作用，造成先期抽薹；播种过晚则糠心，商品性降低。春萝卜选择生长期短、耐寒性强、春化要求严格、不易抽薹、不易空心的品种，现在有白玉春、春白玉和长春大根等品种。

2. 整地作畦

萝卜是喜肥、需水、速生型蔬菜。播前施每亩腐熟有机肥2 000千克，过磷酸钙30千克，尿素20千克，三元复合肥30千克作基肥。翻耕整地，做成龟背形畦，连沟畦宽1.2米。

3. 播种

每穴点1~2粒，每亩播种量100~200克。每畦两行，行距25~30厘米，株距20~27厘米，一般每亩6 500~8 000株。播种后用细土覆盖0.5厘米，然后覆盖地膜保温，要求铺平拉紧，紧贴地面，以提高地温，保持土壤湿润，促进种子发芽。

4. 苗期管理

萝卜一般播种后4~5天就可出苗，及时破膜引苗；出苗10天左右查苗补苗；2~3片真叶进行间苗，每穴留1株。播后20天左右，用泥块压住地膜破口处，防止地膜被萝卜顶起。

5. 温度及肥水管理

早春时期温度低，压好地膜、围好裙膜、盖好大棚膜，白天保持20~25℃，夜温15℃左右，可视天气情况进行放风，降低大棚内的温度与湿度。春萝卜生长较快，生长盛期要及时追肥，播后1个月左右，萝卜露肩时追肥1次，每亩施复合肥25千克，对成0.5%液肥灌根。播后1个半月左右追肥1次，每亩用复合肥25千克，随水浇地，并保持土壤湿润，土壤表面见干要及时浇水。

6. 病虫害防治

春季萝卜生长前期病虫害较轻，后期温度逐渐升高，易引发病虫害。春萝卜的虫害主要是蚜虫、小菜蛾等，可用啶虫脒、定虫隆等农药防治。病害主要有霜霉病、黑腐病、软腐病等，可采取加强通风等农业措施进行预防。霜霉病可用烯酰吗啉、噁霉灵等农药交替使用防治。黑腐病可用农用链霉素、铜制剂等化学药剂灌根防治。软腐病可用氢氧化铜于傍晚泼施或用农用链霉素喷雾。

7. 适时收获

春播要适时收获，提高商品性。萝卜地上部直径达到5~6厘米以上，重约0.5千克时，即可分批收获供应市场。采收时叶柄部留3~4厘米后切断，清洗干净后，整齐装袋，及时运销，延迟收获易产生糠心现象，失去食用价值，降低经济效益。

（二）黄瓜

1. 播种和施基肥

黄瓜4月中旬进行直播，每孔一颗，播后45~50天即可采收。萝卜采收后，清洁大棚，最好用百菌清对大棚地块进行杀菌防病，而后进行翻耕，起垄做畦，连沟宽1.3米，畦中间开深沟，每亩施腐熟猪栏粪2 500千克、三元复合肥75千克、过磷酸钙20千克，覆地膜打孔，行株距35厘米×50厘米，每亩约3 000株。

2. 苗期管理

从播种到子叶出土，要保证温度在18℃左右，苗出土后适当降温，以防徒长，并检查是否有带盖苗，及时除去顶上原种子外壳，使叶子得到伸展。苗期补水要选晴天无大风的中午进行，结合用5%~10%充分腐熟的人粪尿追肥，追肥后通风降湿。

3. 大田管理

大棚于5月上旬可除边膜，山区夏季有较多短时的暴雨、大风等天气，盖顶膜进行避雨栽培。

（1）植株调整。主蔓爬到架顶，25片叶以上摘心，促进侧蔓生长结瓜，增加产量；以侧蔓结瓜为主的品种，采收1~2批瓜后，侧蔓摘心；并打去枝杈和卷须，减少营养物质消耗。黄瓜生长后期，可将黄叶、重病叶及个别内膛互相遮荫的叶摘除，以利通风透光，增加机能叶的光合作用。但每株要保留20~30片叶，不能太少。

（2）插架绑蔓。株高30厘米时结合浇水及时插扦，离植株10厘米以外，每株1根，一畦两行架成"×"字形，架高1.8米左右，架子交叉处用横杆连接固定。每隔3~4个叶蔓和架竿呈"∞"字形绑一绳子，空隙以插进食指为宜，不能太紧，伤蔓；绑蔓以下午进行为好，上午蔓叶水分足、脆，易折伤。

（3）肥水管理。大棚要保持土壤湿润，干旱时应浇小水，5~6片叶时可浇1次大水，一般不再追肥。根瓜坐稳后加强水肥管理，结合浇水每亩追施尿素15千克；黄瓜进入结果盛期后，每隔7~10天结合浇水追肥一次，以化肥为主，其次是腐熟人粪尿，每亩每次追施尿素8千克，或碳酸氢20千克，或人粪尿750千克。

4. 病虫害防控

黄瓜主要有以下病虫害：霜霉病用霜脲·锰锌、烯酰吗啉等防治；细菌性角斑病用乙蒜素、氢氧化铜等防治；白粉病防治用苯醚甲环唑、氟哇唑等防治；灰霉病用异菌脲、甲基疏菌灵等防治；黑星病用多菌灵、百菌清等防治；枯萎病、蔓枯病和根腐病用多菌灵、甲基疏菌素等灌根、涂茎、喷雾。蚜虫、白粉虱可用吡虫啉、啶虫脒等喷杀；美洲斑潜蝇在幼虫2龄前用灭蝇胺、印楝素等喷雾。

5. 采收

根瓜要早收，盛瓜期可每日采收一次，防止出现老瓜。结瓜后期，植株衰老，及早摘除畸形瓜，使营养集中供应正常瓜条。采瓜选择早晨进行，品质脆嫩。黄瓜在采收装箱过程中，要轻拿轻放，要让瓜顶花带刺。

（三）四季豆

1. 品种选择

四季豆品种比较多，但以蔓生、圆或椭圆形、长荚品种为好。生产上主要有黑籽四季豆、白籽四季豆、灰籽四季豆、绿龙架豆等。

2. 播种育苗

土地翻耕后做成畦宽（连沟）1.3米，畦中间开沟施入基肥。一般每亩施腐熟农家肥1 200千克，配施过磷酸钙15千克、硫酸钾10千克或复合肥15千克，再在畦面上施50千克生石灰，与表土拌匀，并整平畦面。每畦种两行，行株距65厘米×30厘米，每穴播3~4粒种子，盖2厘米厚细土，每亩栽4 000穴左右，播后2~3天出苗，出苗后及时间苗，每穴留2~3株。

3. 大田管理

（1）搭架引蔓。四季豆在抽蔓10厘米左右时应及时搭架，架杆长2.2米，采用倒"人"字形搭架方式，架杆插在苗外10厘米处，每穴一杆。生长过程中要人工引蔓2~3次，按逆时针方向环缠，然后任其生长。这时大棚可去顶棚膜，进行露地管理。

（2）割草覆盖和中耕锄草。出苗后，利用山草或稻草进行畦面覆盖，对降低表层土温，保持水分及减少杂草生长十分有效。在插架前及开花初期进行两次中耕锄草，并把杂草压盖在畦面上，中耕后要及时浇施肥水，以促进生长。

（3）肥水管理。四季豆施肥原则是：花前少施，花后适施，荚期重施，不偏施氮肥，增施磷钾肥。一般在对生真叶展开后，追施一次稀薄人粪尿或每亩施含硫复合肥3~5千克，搭架前再用同量肥料追施一次。结荚中期追施一次速效肥，每亩用尿素5~10千克。以后每隔7~10天，用磷酸二氢钾500倍液进行根外追肥，对增加产量和提高抗性十分有利。

4. 病虫防治

四季豆栽培病虫危害较重，采取预防为主、综合防治的方针，在使用农药防治时应采用高效、低毒、低残留农药，并注意安全间隔期，喷药时尽可能不喷在嫩荚上，减少农药残留。主要虫害有蚜虫、豆野螟；主要病害有根腐病、炭疽病、锈病等。蚜虫用吡虫啉、啶虫脒、阿维菌素等防治；豆野螟用茚虫威、定虫隆等防治，并做到"打花不打荚，兼打落地花"；根腐病用甲基硫菌素、多菌灵等防治；锈病用三唑酮防治；炭疽病用吡唑醚菌酯、咪鲜胺、甲基硫菌素等防治。

5. 及时采收

四季豆生长很快，一般在花后10天左右可采摘上市。每隔1~2天采收一次，以防止豆荚偏老。由于山区从采摘到上市时间较长，因此采摘豆荚时应适度偏嫩，采摘后进行分级包装，尽早运出，以提高商品性。

（四）芹菜

1. 品种选择

选用耐寒、冬性强、抽薹迟的品种，如上海黄心芹、津南实芹等。

2. 育苗

芹菜异地育苗，在育苗大棚中进行，选择地势较高、排灌条件好、土质疏松肥沃的沙壤土作育苗床，最好前茬没种过芹菜。每亩用床苗60~80平方米，提前15天，按每亩施腐熟有机肥3 000千克，并结合整地施入。每亩用种量150~180克，播种前用清水浸泡种子，使种子充分吸水并洗净，然后用湿布包好放在阴凉处催芽，每天翻动种子并用清水淘洗一次，有80%以上种子露白时即可播种。播种时一定要撒播均匀，可将种子里掺少量的细砂土。播种后应及时覆土，以能盖上种子为宜。

3. 苗期管理

9月份气温还有点高，要在大棚上覆盖遮阳网，防范暴雨、台风及大太阳直晒，以保证苗齐、苗全。视土壤墒情每天早晚适量喷水，待70%~80%出苗时结束；以后随气温降低，掀除遮阳网，遇大雨等灾害性天气要做好防范措施。

（1）肥水。芹菜小苗期水分不要过湿，一般见湿见干就可以了。水分太湿，加上遮阳，易产生徒长苗，不利定植。以后根据天气变化情况，一般7天左右浇一次。在小苗已基本遮住地面，气温慢慢下降时，可适当蹲苗，防止徒长，为定植准备壮苗。

（2）病虫害。苗期病虫害有蝼蛄、蚜虫及猝倒病。蝼蛄用辛硫磷随水灌根；蚜虫用吡虫啉、啶虫脒、阿维菌素等喷雾；猝倒病用农用链霉素、甲基疏菌素等防治。

4. 定植

芹菜苗龄50~60天，10月中下旬开始移栽，此时四季豆已采收完。

（1）整地。四季豆败蓬后要及时清园，清除残枝败叶，减少虫源。栽前一定要整好地，施足肥，一般栽前10天，每亩施腐熟的有机肥2500千克，复合肥50千克，深翻拌匀，并施生石灰50千克，中和酸碱度，减少土传病害。

（2）定植密度。一般行株距8厘米×10厘米。每亩定植40000株左右。根据收获时间，适当掌握稀密程度。

（3）苗的选择。应选健壮无病，整齐一致，根系粗壮的苗定植。定植提前几天追肥、防病一次，定植前将苗床灌水，使小苗带根、带土、带肥、带药起苗。拔苗时选大小一致的，这样生长整齐，便于管理。

（4）定植方法。3株一穴，定植后用土把根埋上，埋土的标准是盖上根但不压心叶。定植后及时用腐熟人粪尿稀释作定根水，防止干死苗。

5. 大田管理

（1）扣棚保温。扣棚时间最好是在定植5天以后进行，以防定植浇水后地太湿，棚膜可选用无滴膜，顶棚和裙膜要固定好，裙膜四周压土，做好密闭，以提高大棚内的温度。冬季大风、多雪等天气要做好防范措施。

（2）肥水。芹菜追肥以速效氮肥为主，结合灌水轻施勤追，大棚芹菜的畦面应保持湿润，但不能积水。追肥以碳铵和腐熟人粪尿为好，尿素施用太多和水分不足易造成纤维素多、粗硬、口感差。

（3）病害。主要是斑枯病、灰霉病，发病初期可用异菌脲、多菌灵、代森锰锌等防治，并加强通风。

6. 采收

采收前半个月可用生长调节剂，促进芹菜拔长，增加产量。元旦起可选植株较大的摘外叶上市，春节期间连根拔起供应。

第五章　山地蔬菜绿色栽培研究

□ 山地茄子剪枝复壮栽培试验初报

为避开夏秋季高温伏旱、雷暴雨天气等障碍因子，延长山地茄子生长期，有效提高产量与品质，实现错峰上市，提高经济效益。2009年以来，我们在露地栽培的基础上，利用茄子再生能力强、恢复结果快的习性，在海拔200~400米区域开展了不同海拔高度、不同剪枝部位对茄子果实性状及产量影响试验，现将试验结果总结如下。

一、材料与方法

（一）试验材料

供试品种为杭丰一号（杭州市江干区杭丰蔬菜良种研究所）、浙茄一号（浙江省农业科学院蔬菜研究所）。

（二）试验设计与剪枝处理

设清凉峰吉口村、马啸乡山边村2个不同海拔高度试验点。每个试验点设4个小区，即1个对照和门茄、四门斗、八面风不同剪枝部位3个处理（以下依次简称处理1、处理2、处理3），4个小区按顺序排列，逐日分小区观察记载植株性状与产量。各试验点底肥、追肥、水分管理水平一致，筑畦、中耕除草、病虫害防治等农事操作相同。

1. 吉口村试验点

海拔215米，2月12日播种，3月20日分苗，4月23日定植，株行距42~50厘米，每畦栽2行，每亩栽200株，小区面积24.5平方米。

2. 山边村试验点

海拔360米，2月14日播种，3月23日分苗，4月25日定植，株行距42~50厘米，每畦栽2行，每亩栽2 000株，小区面积22平方米。

（三）主要技术措施

1. 剪枝处理

7月20日前后1周内，选择晴天10：00时前和16：00时后或阴天进行剪枝处理。门茄、四门斗、八面风的侧枝保留3~5厘米剪梢，同时清扫地面枝叶并集中烧毁。剪后即灌半沟水，夜灌昼排，保持茄田湿润。

2. 剪后处理

植株修剪后，第2~3天腋芽萌发后及时用50％多菌灵500倍液、或77％可杀得600倍液、或50％速克灵1 500倍液喷雾2~3次，每7天喷1次，防治新稍叶面病害，同时注意防治蚜虫。

3. 剪后管理

因修剪刺激往往造成腋芽萌发过多，剪后5~7天新梢长至10厘米左右，及时抹去多余的腋芽，各侧枝只保留1~2个新梢，以后转入常规管理。

二、调查与分析

（一）不同剪枝处理对茄子植株性状的影响

由表1可知，处理1（重剪）、处理3（轻剪）始花期、始收期明显推迟，且处理1植株易发生徒长；各处理与对照区的坐果率分别为84.5％、88.5％、90.5％和62.5％；剪枝处理和对照在后期的株高、株幅差异不大。表明在海拔200~400米区域山地茄子剪枝处理可有效改善植株生长结构，调节营养生长和生殖生长平衡，对植株性状无明显影响。

表1　不同剪枝处理对茄子植株性状的影响

试验点	处理	25天后萌枝长（厘米）	剪枝后始花期（月-日）	坐果率（%）	单株结果数（个）	剪枝后始收期（月-日）	采摘结束期（月-日）	生育期（天）
吉口村海拔215米	CK	-	-	57	73	-	8-15	185
	处理1	43.0	8-6	84	54	8-20	10-2	233
	处理2	45.3	7-29	88	61	8-13	10-20	250
	处理3	38.7	8-10	91	58	8-24	10-8	239
山边村海拔360米	CK	-	-	68	82	-	8-12	181
	处理1	42.6	8-7	85	52	8-21	10-1	231
	处理2	44.2	7-29	91	63	8-14	10-20	248
	处理3	41.2	8-11	90	56	8-25	10-3	233

（二）不同剪枝处理对茄子果实性状的影响

由表2可知，剪枝处理后，植株生长避开了高温伏旱期，清洁了田园，改善了田间通透性，病虫危害减轻，白僵果明显减少。各处理植株平均果长及单果质量分别为27.1厘米、27.7厘米、24.1厘米和65.2克、69.0克、57.3克，对照为23.1厘米和54.3克。对照在进入八面风以后果形明显偏短、偏细；处理3从剪后第3档开始类似对照；处理2茄果条直、鲜嫩、光泽度好、商品性极佳。可见不同剪枝处理植株的果实综合性状明显优于对照。

表2 不同剪枝处理对茄子果实性状的影响

试验点	处理	果长（厘米）	果径（厘米）	单果重（克）	果皮色	果形	商品性
吉口村海拔215米	CK	23.3	2.1	55.2	较淡	略弯	较差
	处理1	26.6	2.2	63.0	较淡	较直	一般
	处理2	27.7	2.3	67.5	紫红	条直	佳
	处理3	24.6	2.2	58.3	紫红	较直	一般
山边村海拔360米	CK	22.8	2.1	53.4	较淡	略弯	较差
	处理1	27.6	2.3	67.3	较淡	较直	一般
	处理2	28.4	2.4	70.6	紫红	条直	佳
	处理3	23.6	2.2	56.2	紫红	较直	一般

（三）产量表现

7月22日以前的商品产量作为前期产量，7月22日至10月8日的商品产量作为后期产量。由表3可知，处理1、处理2、处理3和对照的每亩产量分别为4584.1千克、6175.7千克、4750.5千克和3682.2千克，每亩产值分别为11460.3元、15439.3元、11876.4元和9205.4元。每亩产量分别比对照增加24.7%、68.0%、29.3%，每亩产值比对照分别增收2254.9元、6233.9元、2671.0元，其中处理2的产量及经济效益最佳。

表3 不同剪枝处理对茄子产量产值的影响

试验点	处理	剪枝前产量（千克）	剪枝后产量（千克）	总产量（千克）	折合亩产量（千克）	亩产值（元）	增幅（%）
吉口村海拔215米	CK	–	–	130.0	3538.6	8846.5	–
	处理1	78.5	88.0	166.5	4532.8	11332.0	+28.1
	处理2	107.7	120.7	228.4	6217.4	15543.5	+75.7
	处理3	82.5	92.5	175.0	4765.5	11913.8	+34.7
山边村海拔360米	CK	–	–	126.2	3825.7	9564.2	–
	处理1	72.0	80.8	152.8	4635.4	11588.5	+21.2
	处理2	95.4	106.9	202.3	6134.0	15335.0	+60.3
	处理3	73.6	82.6	156.2	4735.6	11839.0	+23.8

（四）田间发病率

分别于6月、7月、8月中旬调查田间黄萎病和绵疫病发病情况，各处理与对照黄萎病的田间发病率分别为2.9％、3.1％、3.3％和4.％，绵疫病的田间发病率分别为10.6％、8.9％、8.2％和20.8％，表明剪枝复壮处理可明显改善植株的通透性，增强植株的抗病能力。

三、小结

在200~400米海拔区域内采用剪枝复壮栽培山地茄子的适宜播种期为1月底至3月初，最佳播种期为2月上中旬。在天气转入初伏期即7月20日前后的1周以内为最佳剪枝期，在四门斗保留第一二级侧枝3~5厘米为最佳剪枝部位。剪枝复壮栽培茄子可避开高温伏旱、雷暴雨天气等障碍因子，延长山地茄子的生长栽培期，提高后期茄子商品性及产量，解决秋茄播种困难，节本增效效果显著。通过剪枝复壮处理的山地茄子生长栽培期可从原来的183天延长到249天左右，每亩总产量可达6 175.7千克，每亩产值可达15 439.3元，经济效益显著。

作　　者：邵泱峰　王小飞　金伟萍　王高林
作者单位：浙江省临安市农业技术推广中心
原　　载：上海蔬菜，2011（1）：59-60.

□ 剪枝对山地茄子光合特性及同化物分配的影响

茄子（*Solanum melongena* L.）是主要的茄果类蔬菜之一，是我国南北各地重要的夏季传统蔬菜。近年来，山地茄子生产发展迅速，浙江省形成了以长兴、临安、建德、文成等地为代表的山地茄子生产栽培区域中心，并且种植规模仍在逐年壮大。山地茄子的发展有效克服夏季高温对于蔬菜生产的影响，填补了长三角地区夏秋季蔬菜淡季市场空缺，取得了良好的经济效益和社会效益，成为浙江省部分山区农业增收、农民致富的重要途径。

然而由于山地栽培面积大，上市时间集中，茄子价格波动巨大，价格滑坡严重的年份茄子价格仅为每千克0.3元，种植户经济效益不稳定，丰产不增收。此外，夏季山区高温伏旱、雷暴雨等不良天气状况较多，严重制约了茄子采收期的延长。本单位采用茄子剪枝复壮技术，充分利用茄子再生能力强、恢复结果快的习性，有效提高了夏季茄子产量和品质，延长了茄子供应时期，取得了较好的社会、经济效益。但剪枝技术提高茄子产量的机理，还未见研究报道。本研究通过探讨剪枝对茄子光合作用、叶面积指数、根茎叶果实比例的影响，从光合作用、同化物分配等角度阐述剪枝提高茄子产量的机制，为剪枝技术的进一步推广和发展提供理论依据。

一、材料与方法

（一）试验材料与处理

所采用茄子品种为杭丰一号，由杭州市江干区杭丰蔬菜良种研究所提供。试验于2010年，在浙江省临安市清凉峰镇吉口村（海拔215米）进行。设置2个处理，即对照（不剪枝，CK）和四母斗剪枝（前期预备试验表明，四母斗剪枝效果较好）。2月12日播种，3月20日分苗，4月23日定植，株行距42厘米×50厘米，每畦2行，每平方米栽种3株；7月20日晴天上午8：00—10：00时在四母斗处剪枝处理，侧枝保留3~5厘米剪稍，剪后即行半沟水灌溉，夜灌昼排，保持茄田湿润。剪后5~7天新梢长至10厘米左右，及时抹去多余的腋芽，各侧枝只保留1~2个新梢，以后转入常规管理。不同处理底肥、追肥、水分管理水平一致，作畦、中耕除草、病虫防治等农事操作相同。每处理4次重复，每次重复面积8平方米。

（二）光合参数测定

剪枝处理后30天上午8：00—10：00时，采用GFS3000光合作用分析仪（德国Walz公司生产）进行光合参数测定。选取不同处理的第一片功能叶和第六片功能叶（即中部叶片）进行测定，测定前仪器预热30分钟，并进行水汽及二氧化碳的调零，测定时叶室温度为25~30℃，大气相对湿度50%~60%，CO_2浓度380$\mu mol \cdot mol^{-1}$，测定光强为800$\mu mol \cdot m^{-2} \cdot s^{-1}$，每处理选4株不同的植株进行测定，选取叶片大小、叶位基本相同。

（三）干物质含量及叶面积测定

待茄子采收完成测定单株果实干重及茎、叶干重。剪枝30天后测定单株茄子功能叶面积，计算叶面积指数。

叶面积的测定采用叶面积仪（LI3100，LincorInc，USA）。烘干用通风干燥箱105℃烘48小时至恒重，称取干样质量。结果分析用LsD法测验（α=0.05）。

二、结果与分析

（一）剪枝对茄子同化物分配的影响

同对照相比，剪枝后茄子单株干物质重量明显增加，从每株223.4克增加至256.9克。从图1可以看出，茄子干物质主要分配到果实中，剪枝处理后增加了这一趋势。对照植株分配到果实中干物质比例为61.9%，剪枝后大幅度增加到85.5%。对照植株干物质分配到茎和叶中的比例分别为23.7%，14.9%，剪枝处理后干物质分配到茎、叶中的比例降低到11.1%和3.4%。

（二）植株叶面积及叶面积指数

在剪枝处理后30天选取色泽明亮的功能叶，进行叶面积的测定。结果表明，同对照植株相比，剪枝后功能叶面积显著增加（$P < 0.05$），从59.4平方厘米增加到89.4平方厘米，这表明植物可接收光能面积大幅度增加。剪枝后，茄子叶面积指数较对照有明显提高，从1.51增加到1.94(图2)。

（三）光合作用参数

在剪枝后30天选取第一片完全展开功能叶（上部叶）和第六片功能叶（中部叶）进行光合参数测定。结果表明，对上部叶而言，剪枝对植株净光合速率（Pn）、气孔导度（Gs）、胞间CO_2浓度（Ci）、蒸腾速率（E）及水分利用效率（WUE）均没有明显影响，其差异未达显著水平（$P > 0.05$）。

剪枝处理显著提高了中部叶片的净光合速率（$P < 0.05$）。在对照植株中

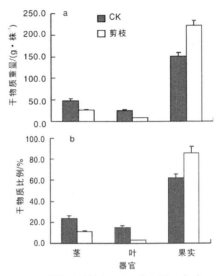

图1　剪枝对植株各器官干物质分配（a）及比率（b）的影响

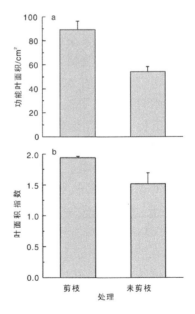

图2　剪枝对植株功能叶面积及叶面积指数的影响

157

中部叶片净光合速率仅为16.3μmol $CO_2 \cdot m^{-2} \cdot s^{-1}$，剪枝后中部叶片则达到26.1μmol $CO_2 \cdot m^{-2} \cdot s^{-1}$，增加了60.1%（图3-A）。剪枝处理还显著提高了中部叶片的气孔导度（Gs）、蒸腾速率（E）及水分利用效率（WUE）（P < 0.05）（图3-B，D，E）。剪枝对中部叶片的胞间CO_2浓度没有明显影响。

三、讨论

山地茄子剪枝复壮栽培技术可以有效提高茄子的品质，延长茄子供应期，避开山地茄子的上市高峰期。本研究结果也表明，采用四母斗剪枝技术后茄子的单株果实产量提高了47.0%。在番茄、辣椒中的研究也表明适当的植株调整后产量提高23.3%至46.6%。

剪枝提高茄子产量的原因可能来源于两个方面，即促进生长提高总的干物质产量和改善库源关系促进同化物向果实分配。在本研究中，采用剪枝技术有效提高了茄子单株的总干物质含量及干物质向果实的分配。

剪枝后茄子叶面积指数明显增加。叶面积指数增加使得茄子能捕获更多的光能用于光合作用，使得各个层次茄子叶片均保持较高的净光合速率。在本研究中，剪枝后茄子中部叶片也维持了较高的净光合速率，而在对照植株中部叶片净光合速率明显降低。杨国栋等的研究表明，茄子产量与中下部位叶片净光合速率密切相关。在本研究中，剪枝操作后叶面积指数显著增加，提高了中部叶片的净光合速率，从而增加了产量。由于叶片气孔

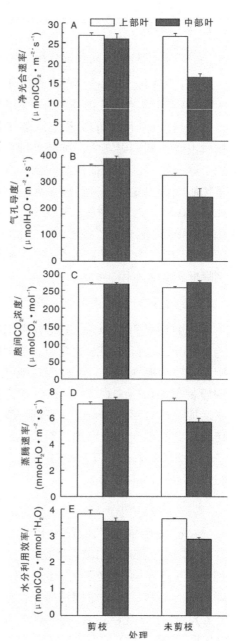

图3 剪枝对茄子上部叶及中部叶植株净光合速率（A）、气孔导度（B）、胞间CO_2浓度（C）、蒸腾速率（D）及水分利用效率（E）的影响

开放程度受光的诱导，因而剪枝后的茄子叶片维持了较高的气孔导度及蒸腾速率。水分利用效率是光合速率与蒸腾速率的比值，由于剪枝后茄子中部叶片净光合速率增加幅度高于蒸腾速率的增加程度，因此水分利用效率也明显提高。

本研究还表明，剪枝改善了茄子植株库源关系，增加了干物质向果实分配的比例，从而提高了果实产量。这与在甜椒、番茄中的研究结果相一致。剪枝操作直接减少了叶营养生长库强，增加了植株内生殖生长库强占总库强的相对库强，有利于更多的干物质分配到果实，提高果实累计干物质分配率。目前研究普遍认为，番茄等植株调整后果实库强度增加主要是由于果实数目的增加。此外，剪枝操作后植物对于N，P，K元素吸收增加，促进植物源活力的提高，这可能也是剪枝操作后果实库提高的重要原因。

综上所述，剪枝可有效提高茄子叶面积指数，增加中下部叶片净光合速率，促进干物质向果实的分配，进而提高了果实产量。

作　　者：金伟萍[1]　邵洩峰[1]　何　勇[2]
作者单位：1.浙江省临安市农业技术推广中心　2.浙江农林大学农业与食品科学学院
原　　载：浙江农业学报，2012，24(4)：589-592.

□ 春四季豆山地设施栽培品种比较试验

四季豆(*Phaseolus vulgaris* L)，主要采食嫩荚，其质地脆嫩，营养丰富，是人们喜食的蔬菜之一，在我国南北各地普遍栽培，也是杭州市主要栽培蔬菜种类之一。近年来，随着城市化进程的推进，保障杭城菜篮子供应的蔬菜基地已由城市近郊转向郊县城郊和山地，四季豆在杭州市的临安、建德、淳安等地的山区(海拔≥500米)越夏栽培已取得良好的经济和社会效益。新一轮菜篮子工程使杭州市山地蔬菜生产条件得到迅速提升，钢架大棚、微蓄微灌等基础设施的建成为山地蔬菜多季节性生产提供了条件，同时也对生产品种提出了新的要求。通过品种比较试验，筛选出适合杭州市山地春季促早设施栽培的高产优质四季豆品种，并推广应用，这样不仅可更好地发挥先进设施的功效，还可降低城郊蔬菜种植面积减少给城市供应量带来的冲击，满足广大消费者对四季豆的需求，丰富市民菜篮子。现将有关试验结果报道如下。

一、材料与方法

（一）材料

试验在临安市湍口镇雪山村杭州市菜篮子基地设施大棚中进行，海拔570米，大棚土壤肥力中等偏上，前作茄子、冬闲田。

参试品种共10个：浙芸3号（浙江浙农种业有限公司提供），浙芸5号（浙江勿忘农种业有限公司提供），红花白荚、红花青荚（四川正兴种业有限公司提供），银湖白珍珠（厦门银湖园蔬菜种业有限公司提供），圆荚1号、圆荚2号和利丰大荚（杭州市良种引进公司提供），精选绿冠龙（北京卢沟桥农业技术服务中心提供），红毛为临安市地方品种（临安市种子管理站提供）。

（二）处理设计

以品种为处理，以红毛为对照（CK）。试验采用随机区组排列，重复3次，小区长9.53米，面积13.34平方米。

播种前翻地，每亩施有机肥1 500千克、复合肥20千克。作畦，宽140厘米（连沟）。4月1日播种，直播，穴距27.2厘米，每穴播3粒种子，每畦2行，每小区70穴。4月25日间苗，每穴留2株。5月18日每亩追施复合肥15千克，6月1日和6月12日分别追肥复合肥12.5千克。始抽蔓时及时搭架引蔓，架成人字形。其他措施按当地常规管理。

生长期间观察记录各品种的生育期和主要田间性状、豆荚性状，并分别记录各小区每次采摘重量。测定指标参照《普通菜豆种质资源描述规范和数据标准》；采用DPS数据分析系统进行统计分析。

二、结果与分析

（一）生育期

从表1可以看出，利丰大荚和精选绿冠龙2个品种的出苗、始花和始采时间均最早，且可采收时间也最长，为22天；圆荚2号和对照红毛均4月11日出苗，晚于其他参试品种，圆荚2号始花期最晚，较对照红毛晚3天，较最早开花的利丰大荚晚7天；银湖白珍珠和圆荚1号采收最晚且可采收时间也最短，为21天；对照和其他各品种的可采收时间均为23天。全生育期（播种至采收结束）银湖白珍珠和圆荚1号最长，为85天，其他各品种均为83天。

表1　不同四季豆品种主要生育期比较

品种	播种期（月-日）	出苗期（月-日）	始花期（月-日）	始收期（月-日）	终收期（月-日）	采收时间（天）	全生育期（天）
利丰大荚	4-1	4-9	5-13	5-28	6-22	25	83
精选绿冠龙	4-1	4-9	5-14	5-28	6-22	25	83
浙芸3号	4-1	4-10	5-16	5-30	6-22	23	83
浙芸5号	4-1	4-10	5-16	5-30	6-22	23	83
红花青荚	4-1	4-10	5-16	5-30	6-22	23	83
圆荚1号	4-1	4-10	5-18	6-3	6-24	21	85
红花白荚	4-1	4-10	5-17	5-30	6-22	23	83
银湖白珍珠	4-1	4-10	5-17	6-3	6-24	21	85
圆荚2号	4-1	4-11	5-20	5-30	6-22	23	83
红毛(CK)	4-1	4-11	5-17	5-30	6-22	23	83

（二）主要性状

表2、表3表明，各参试品种株高均显著高于对照，以精选绿冠龙长势最旺，其次是浙芸3号。圆荚2号结荚习性最好，对照红毛次之，其他各品种单株结荚数均低于对照。利丰大荚和精选绿冠龙同属宽荚类型品种，种子较其他品种大，该2个品种的豆荚颜色也较其他品种深；浙芸3号、浙芸5号、红花青荚和圆荚1号的豆荚颜色与对照红毛一样，均为浅绿色；红花白荚、银湖白珍珠和圆荚2号的豆荚颜色为白绿色。单荚重以利丰大荚最重，有17.20克，圆荚1号最轻，只有8.57克。荚长对照红毛最短，为14.33厘米，其他各品种均显著长于对照；圆荚1号也较短，为16.58厘米，仅长于对照；利丰大荚最长，为23.81厘米，精选绿冠龙次之，两者之间无显著差异，其他6个品种荚长中等，且彼此间无显著性差异。

表2　不同四季豆品种植株及开花结荚性状

品种	茎色	花色	株高(厘米)	每花序花数	每花序结荚数	单株结荚序数
利丰大荚	绿	白花	318.50±2.81 bc	4.27±0.25 c	2.00±0 e	25.13±0.55 cd
精选绿冠龙	绿	白花	353.57±2.07 a	4.80±0.36 c	2.00±0 e	24.97±0.83 cde
浙芸3号	绿	红花	330.33±10.27 b	10.87±1.16 a	2.17±0.06 de	26.53±0.68 bc
浙芸5号	绿	红花	290.87±1.36 def	9.23±0.96 a	2.47±0.06 b	25.03±0.57 cde
红花青荚	绿	红花	276.57±5.66 f	9.93±0.29 a	2.17±0.06 de	24.23±0.85 de
圆荚1号	紫红	白花	281.07±8.01 f	11.00±0.53 a	2.40±0.10 bc	28.30±0.82 b
红花白荚	绿	红花	302.60±10.67 cde	8.03±0.57 b	2.13±0.06 de	22.90±0.62 e
银湖白珍珠	绿	白花	286.8±9.72 ef	7.47±0.75 b	2.37±0.06 bc	27.40±0.70 b
圆荚2号	绿	红花	307.27±4.55 cd	9.90±0.26 a	3.20±0.10 a	24.50±1.10 cde
红毛(CK)	绿	红花	250.30±3.70 g	4.73±0.25 c	2.27±0.06 cd	31.70±0.78 a

注：同列数据后无相同的小写字母表示其差异达显著水平。表3同。

表3　不同四季豆品种荚果性状及产量

品　种	种皮色	荚形	荚色	荚面	荚　长 （厘米）	荚　宽 （厘米）	单荚重 （克）	小区产量 （千克）
利丰大荚	白色	长扁条	深绿	平滑	23.81±0.68 a	1.70±0.12 a	17.20±1.35 a	31.73±0.27 ab
精选绿冠龙	白色	长扁条	深绿	平滑	23.60±0.19 a	1.87±0.11 a	17.00±0.82 a	33.99±0.21 ab
浙芸3号	褐色	长扁条	浅绿	平滑	17.97±0.21 b	1.26±0.05 bc	11.70±0.10 bc	36.28±0.87 a
浙芸5号	褐色	长扁条	浅绿	微凸	17.76±0.22 b	1.23±0.13 bc	12.80±0.20 b	32.20±0.39 ab
红花青荚	褐色	长扁条	浅绿	微凸	17.39±0.43 b	1.20±0.07 bc	11.00±1.39 bcd	30.22±1.92 b
圆荚1号	黑色	长圆棍	浅绿	微凸	16.58±0.16 c	0.89±0.03 d	8.57±0.47 d	25.35±2.48 c
红花白荚	褐色	长扁条	白色	微凸	17.89±0.69 b	1.20±0.05 bc	13.27±2.11 b	33.67±2.26 ab
银湖白珍珠	白色	长圆棍	白色	微凸	18.20±0.85 b	1.03±0.02 cd	9.03±0.15 cd	23.71±2.47 c
圆荚2号	褐色	长圆棍	白色	微凸	17.81±0.35 b	1.22±0.14 bc	12.93±1.27 b	32.40±1.60 ab
红毛（CK）	浅褐色	长扁条	浅绿	微凸	14.33±0.13 d	1.39±0.06 b	10.40±0.53 bcd	30.66±0.54 b

（三）产量和抗性

小区均产以浙芸3号最高，精选绿冠龙次之，红花白荚第三，相比对照红毛，这3个品种分别增产18.33％、10.86％和9.78％；圆荚1号和银湖白珍珠小区均产显著低于对照，比对照分别减产17.32％和22.67％。

经观察，10个参试品种病虫害发生均较轻。

三、小结与讨论

试验结果表明，参试品种在春季设施山地生产中均有较好的表现，红花白荚、浙芸3号、精选绿冠龙3个品种产量高，商品性等综合性状也表现良好。随着市场需求多样化发展趋势，参试的各类型10个四季豆品种均为市场接受，因此拟在杭州市山区进一步推广应用。

在山区春季利用大棚种植四季豆，播种期可适当提前至3月底4月初，既能有效弥补平原栽培面积减少引起供应量下降的现状，又很好地切入了平原早春大棚生产与高山反季节生产间的上市空隙期；同时试验筛选出的3个四季豆品种均能在6月底前收获完毕，为后茬再种植一茬瓠瓜、松花菜、四季豆、黄瓜等蔬菜作物提供了宽裕的生长时间，而且连茬种植既提高了设施和土地利用率，又增加了农民收入。

一般山区四季豆病害主要有炭疽病、锈病等，可用75％百菌清800倍液喷雾防治；虫害主要有蚜虫、豆荚螟等，蚜虫用25％吡蚜酮2 500倍液防治，豆荚螟用5％普尊1 500倍液防治。

作　　者：邹宜静[1]　李鲁峰[2]　黄凯美[1]　袁德明[3]　孙利祥[1]　颜韶兵[1]

作者单位：1.浙江省杭州市种子总站　2.杭州市萧山区农业科学研究所　3.临安市种子管理站
原　　载：浙江农业科学，2013(12)：1621-1623.

□ 浙芸3号菜豆高山设施栽培表现及配套栽培技术

菜豆别称四季豆、芸豆，是人们喜食的蔬菜之一，在我国南北各地普遍栽培，同时也是杭州市高山蔬菜主要种类之一，在临安、建德、淳安等地的高山地区（≥500米）越夏栽培已取得良好的经济和社会效益。近年来，随着城市化进程的推进，保障杭城菜篮子供应的蔬菜基地已由城市近郊转向郊县城郊和山地，而新一轮菜篮子工程使杭州市山地蔬菜生产条件得到迅速提升，钢架大棚、微蓄微灌等基础设施的建成为山地蔬菜多季节性生产提供了条件。因此，在山区进行菜豆春秋两茬生产，不仅可提高设施和土地利用率、增加农民收入，还可降低城郊蔬菜种植面积减少给城市供应量带来的冲击，满足广大消费者对菜豆的需求，丰富市民"菜篮子"。

浙芸3号是浙江省农科院蔬菜所经多代系谱选育而成的耐热、优质菜豆新品种，褐籽、红花、荚形长扁条、荚色浅绿、荚面平滑，适应性广，春、秋季均可种植，尤适于夏秋季高山栽培。2011—2012年在杭州市山区进行设施栽培多点试种，表现综合性状优良，不易早衰，结荚性好、嫩荚商品性佳、产量高等，完全适合杭州市及相近气候条件的高山地区设施两茬栽培。2013年在临安市湍口镇雪山村（海拔570米）通过对10个菜豆品种春季山地设施栽培比较试验发现，浙芸3号生长势、果荚性状和小区产量等均优于对照品种，而且符合市场发展需求；在临安市清凉峰镇浪广村（海拔820米）进行春秋两茬设施栽培，均取得较好的经济效益，因此该品种和该模式在我市山区有推广应用的前景。现将浙芸3号在高山地区设施春秋两茬栽培的综合性状表现及配套栽培技术总结如下。

一、种植表现

（一）生育期表现

春季于3月31日播种，4月9日出苗，5月15日始花，6月1日始收，采收期24天，全生育期（播种至采收结束）86天；秋季于7月19日播种，7月23日出苗，8月18日始花，9月4日始收，采收期29天，全生育期76天（表

1）。春季播种时由于山区气温仍较低，种子萌发和幼苗生长速度均比秋播缓慢；随着气温升高，植株生长速度也加快，春播和秋播始花期至始收期均为17天；9月中旬后山区温度下降，大棚设施的保温作用使采收期延长。

表1 浙芸3号山地设施春秋两茬栽培生育期表现

栽培季	播种期（月-日）	出苗期（月-日）	始花期（月-日）	始收期（月-日）	终收期（月-日）	采收时间（天）	全生育期（天）
春季	3-31	4-9	5-15	6-1	6-25	24	86
秋季	7-19	7-23	8-18	9-4	10-3	29	76

（二）主要性状表现

浙芸3号植株蔓生，生长势强，春播株高290.3厘米，始花节位7.3节，平均荚长17.9厘米、荚宽1.26厘米、荚厚1.09厘米，平均单荚重11.7克；秋播株高286.8厘米，始花节位7.0节，平均荚长、宽、厚分别为20.8厘米、1.37厘米、1.10厘米，平均单荚重13.6克（表2）。分枝性较强，商品嫩荚浅绿色，经烹饪后品尝，肉质嫩，口感好，风味佳。

表2 浙芸3号山地设施春秋两茬栽培主要性状表现

栽培季	株高（厘米）	始花节位	每花序花数	单株结荚序数	荚长（厘米）	荚宽（厘米）	荚厚（厘米）	单荚重（克）
春季	290.3	7.3	10.8	26.5	17.9	1.26	1.09	11.7
秋季	286.8	7.0	12.0	32.1	20.8	1.37	1.10	13.6

（三）产量和抗性表现

浙芸3号山区春季设施栽培亩产1 118千克，平均每千克批发价3.3元，亩产值3 689.4元；秋季亩产1 790千克，平均每千克批发价3.5元，亩产值6 265元，春秋两茬栽培能实现亩产值近万元。高山栽培鲜有病虫害发生。

二、配套栽培技术

（一）块选择

一般宜在海拔500~1 000米的东坡、南坡、东南坡朝向的地块种植较好，以土层深厚、有机质丰富、排灌良好的疏松砂质壤土或壤土为好。

（二）整地施肥

早翻、深翻土地，起1.3~1.4米宽畦（连沟），沟深25厘米，施足基肥，每亩施腐熟厩杂肥1 500千克、草木灰1 000千克、三元复合肥20千克、磷肥30千克，畦中开沟条施，然后覆土，再在畦面上每亩施生石灰50千克，与表土拌匀，整平畦面呈弓背形，以中和土壤酸性，增加钙素含量，减轻病虫害。

（三）适期播种

山区利用设施栽培浙芸3号，春播播种期可提前至3月底4月初，海拔高的地块，可适当延迟播种；秋播播种期可提早至7月中下旬，海拔高的地块，秋播应适当提前播种。播前精选种子，并在太阳下晒1~2天，以杀死种子表面的部分病菌，每亩用种量2.0千克，每畦2行，行距65~70厘米，穴距25~30厘米，每穴播3粒种子。

（四）田间管理

1. 查苗补缺

从播种至第1对真叶露出，需7~10天，出苗后要及时查苗、补苗，心叶展开后及时间苗，每穴留健壮苗2株。

2. 中耕除草

播后10天左右，苗齐时，浅中耕除草，植株基部的杂草用手拔除，不要损伤植株根系；爬蔓搭架前，进行第二次中耕除草，并清沟培土于植株茎基部，以促发不定根。

3. 搭架引蔓

在抽蔓约10厘米时，选用长2.5米左右竹竿或树枝及时搭成人字架，架竿应插在离植株根部10~15厘米处，稍向畦内倾斜，在架材中上部约2/3交叉处横绑一根，使支架更为坚固。在晴天下午，人工按逆时针方向引蔓上架。生长期间要及时摘除植株中下部的老叶、黄叶、病叶，以利植株通风透光，防止落花落荚。

4. 棚温管理

春季早期、秋季后期遇低温密闭大棚，保持夜间棚内温度不低于10℃，夏季及时开边膜通风，保持棚内温度不高于28℃。进入开花结荚期通常白天温度以25~28℃，夜间以15~20℃为宜，相对湿度为80%。

5. 适时采收

由于采食嫩荚，当荚条粗细均匀，荚面豆粒未鼓出时为采收适期，一般在花后7~10天即可采收上市，每天或隔天采收1次，以傍晚采收为好，同时做好分级包装，以提高其商品性和经济效益。

（五）肥水管理

在施足基肥的基础上，追肥要花前少施、花后适施、结荚期重施，适施氮肥、多施磷钾肥。生长前期浇施10％腐熟人粪尿或0.3％~0.5％尿素、钙镁磷肥稀释液2次；抽蔓初期搭架前结合中耕、培土、锄草再用同量肥料追施1次；结荚后施入三元复合肥15千克；采收期每隔7天施1次速效肥，复合肥和尿素交替施用，每亩用量5~7.5千克；叶面喷施0.3％磷酸二氢钾液或微肥等2~3次。

（六）病虫害防治

一般山区四季豆病害主要有炭疽病、锈病、根腐病、蚜虫、豆荚螟等，要坚持"预防为主，综合防治"的原则，优先选用防虫网、性诱剂等生物物理防治技术。病虫发生初期选用低毒高效化学农药防治，炭疽病可选用45％咪鲜胺3 000倍液或70％代森联800~1 200倍液喷雾防治；锈病可喷施15％三唑酮1 500倍液或65％代森锌500~700倍液防治，并注意及时清洁菜园；根腐病可用50％多菌灵800倍液加10％三唑酮可溶性粉剂1 500倍液喷雾防治；蚜虫可选用10％吡虫啉可湿性粉剂2 000倍液喷雾防治；豆荚螟可用5％氟虫苯甲酰胺1 500倍液喷雾防治，做到治花不治荚，花蕾和落地花并治，同时注意农药安全间隔期。

作　者：邹宜静[1]　严百元[2]　颜韶兵[1]　黄凯美[1]　汪继华[2]　李楚羚[1]　孙利祥[1]
作者单位：1.浙江省杭州市种子总站　2.建德市种子管理站　3.杭州市良种引进公司
原　载：长江蔬菜，2014，（23）：5-7.

□ 瓠瓜高山栽培品种比较试验

瓠瓜属葫芦科一年生攀缘草本植物，又名长瓜、蒲瓜、夜开花、葫芦等，是我国南方重要的蔬菜作物之一，其产量高、经济效益好，在浙江省各地发展效益农业中发挥了重要作用；瓠瓜同时是杭州市夏季自产自销的主要蔬菜之一，由于其不适宜高温季节平地栽培，形成了每年七八月份的供应淡季，而高山栽培能较好地解决这一问题，因此瓠瓜也是杭州市高山蔬菜的首选作物之一。在当前"大市场、大流通"的带动下，消费者对瓠瓜品种类型的需求也趋向多样性，现以长棒形（35~45厘米）和市场新兴消费类型的中棒形（25~35厘米）两种为主。为比较不同类型的瓠瓜品种在杭州市高山地区种植的适应性，特设置该试验，现将试验结果报告如下。

一、材料和方法

（一）试验材料

参试品种6个：改良杭州长瓜、浙蒲2号、浙蒲6号、浙蒲8号由浙江省农业科学研究院蔬菜研究所提供；越蒲1号、越蒲2号由浙江省绍兴市农业科学研究院提供，以浙蒲2号为对照。

（二）试验设计

试验在临安市清凉峰镇浪广村浪源高山蔬菜专业合作社基地进行，海拔880米，前作为冬闲田，上年种植菜豆；以品种为处理，采用随机区组排列，3次重复，小区面积33.35平方米，每小区种植60株；按照当前高山瓠瓜适应市场需求期设置播种期，于2013年5月21日播种，大棚穴盘育苗，6月4日移栽，露地栽培，畦宽1.6米，双行种植，株距0.7米，每亩植1 200株，搭人字架，主蔓高1.0米时摘心，其他按照高山瓠瓜常规栽培技术管理。

生长期间观察记录各品种的生育期、瓜条性状、产量、病害等。

二、结果与分析

（一）各参试品种生育期比较

从表1可以看出，参试的6个品种生育期相近，始花期浙蒲6号、浙蒲8号和越蒲1号比对照浙蒲2号早1天，越蒲2号和改良杭州长瓜与对照相同；越蒲1号早熟性最好，比对照早1天采收，浙蒲8号和越蒲2号次之，浙蒲6号和改良杭州长瓜均比对照晚熟；高山瓠瓜的采收期一般在45~50天，因持续高温干旱天气影响了植株后期长势，因此各品种均于8月17日提早结束采收。

表1　各参试品种主要生育期比较

品种	播种期（月-日）	定植期（月-日）	始花期（月-日）	始收期（月-日）	终收期（月-日）	定植至采收（天）
浙蒲2号（CK）	5-21	6-4	7-11	7-17	8-17	74
浙蒲6号	5-21	6-4	7-10	7-19	8-17	74
浙蒲8号	5-21	6-4	7-10	7-17	8-17	74
越蒲1号	5-21	6-4	7-10	7-16	8-17	74
越蒲2号	5-21	6-4	7-11	7-17	8-17	74
改良杭州长瓜	5-21	6-4	7-11	7-20	8-17	74

(二)各参试品种瓜条商品性和抗病性比较

从田间观察看,植株生长势以浙蒲6号和浙蒲8号最旺;各品种瓜色均较好,阴阳面色差小,越蒲1号表皮淡绿,其他各参试品种与对照浙蒲2号一致,表皮绿色;瓜上下均匀度以浙蒲系列3个品种为好,尤以浙蒲6号最均匀,杭州长瓜是改良提纯种,因此商品性也与浙蒲系列相似。从瓜条性状看,浙蒲2号、浙蒲6号、改良杭州长瓜和越蒲2号属35~45厘米长棒形品种,其中对照浙蒲2号最细长;而浙蒲8号和越蒲1号是市场新兴消费类型的25~35厘米中棒形品种,以越蒲1号最短、粗;瓜条纵径以对照浙蒲2号最长,为41.5厘米,浙蒲6号次之,越蒲1号最短,比对照短6.9厘米,其次是浙蒲8号;各参试品种的瓜条横径均比对照浙蒲2号粗,以越蒲1号最粗,达6.72厘米,越蒲2号次之,比对照粗0.8厘米。单瓜重以越蒲1号最重,平均单瓜重比对照浙蒲2号重约20.0克,浙蒲6号仅次于对照,其他各参试品种单瓜重均低于对照。枯萎病试验中未发生,白粉病发生情况差异不明显(表2)。

表2 各参试品种果实性状和抗病性比较

品种	瓜纵径(厘米)	瓜横径(厘米)	果型指数	单瓜重(克)	瓜色	外观	枯萎病株数			白粉病情况	
							前期	中期	后期	前期	中期
浙蒲2号(CK)	41.5	4.60	9.02	568.4	绿	上下均匀	0	0	0	轻	中
浙蒲6号	38.5	5.16	7.46	567.2	绿	上下最均匀	0	0	0	轻	中
浙蒲8号	35.6	5.28	6.74	521.6	绿	上下均匀	0	0	0	轻	中
越蒲1号	34.6	6.72	5.15	587.8	浅绿	上下较均匀	0	0	0	轻	中
越蒲2号	37.1	5.40	6.31	508.8	绿	上下较均匀	0	0	0	轻	中
改良杭州长瓜	38.3	5.28	7.25	542.2	绿	上下较均匀	0	0	0	轻	中

(三)各参试品种产量比较

由表3可知,各参试品种产量差异不显著,均达到了一般高山瓠瓜产量水平,以越蒲1号的亩产3094千克最高,比对照浙蒲2号增产4.6%,其他4个品种均低于对照;其次是越蒲2号、浙蒲6号和改良杭州长瓜,比对照分别减产3.3%、4.3%和5.4%;浙蒲8号最低,每亩产量为2644千克,比对照减产10.6%。

表3　各参试品种产量比较

品种	小区产量（千克）			小区均产（千克）	折亩产（千克/亩）	比CK±（%）	单价（元/千克）	亩产值（元）
	I	II	III					
浙蒲2号（CK）	129.9	159.15	154.5	147.85	2 957	－	3.0	8 871
浙蒲6号	131.25	151.05	142.2	141.5	2 830	－4.3	3.0	8 490
浙蒲8号	124.2	115.05	157.35	132.2	2 644	－10.6	3.0	7 932
越蒲1号	143.85	172.5	147.75	154.7	3 094	4.6	3.0	9 282
越蒲2号	133.5	153.9	141.75	143.05	2 861	－3.3	3.0	8 583
改良杭州长瓜	127.65	138.3	153.75	139.9	2 798	－5.4	3.0	8 394

三、小结与讨论

从试验结果看，各参试品种均适宜高山越夏栽培，综合产量、商品性、瓜型等因素分析，长棒形品种中以浙蒲6号和越蒲2号最为理想，在杭州市高山地区具有极大推广前景。与对照浙蒲2号相比，浙蒲6号色泽更好、瓜条略短更符合市场要求，在高山栽培时均能表现较高的产量水平和更好的商品性；试验中浙蒲2号产量更高，但结合前几年试种情况，在高山瓠瓜生产中偏早种植（4月下旬播种）时，浙蒲6号明显优于浙蒲2号，偏迟种植（6月上旬播种）时，浙蒲2号相对优于浙蒲6号。中棒形品种越蒲1号相对较粗，不适合杭州市场的消费习惯，但产量高，可作为高山种植外销品种储备；浙蒲8号虽然产量相对偏低，但相比浙蒲6号瓜条更短，瓜横径相近，极受杭州市场消费者青睐，因此可进一步试验并研究其配套栽培技术，以提高产量促进推广应用。

作　　者：邹宜静[1]　袁德明[2]　张权芳[3]　黄凯美[1]　颜韶兵[1]　孙利祥[1]
作者单位：1.浙江省杭州市种子总站　2.临安市种子管理站　3.富阳市种子管理站
原　　载：长江蔬菜，2014（20）：28-30.

□ 番茄砧木品种山地栽培与青枯病抗性试验

为筛选出适宜杭州市山地番茄生产使用的优良嫁接砧木品种，笔者于2007年在本市海拔600米的高虹木公山村番茄生产基地进行了英雄等番茄砧木品种嫁接产量与青枯病抗性试验，现将有关试验结果报告如下。

一、材料与方法

(一)供试品种

1. 砧木品种

健壮(日本进口、杭州三雄种苗提供)、浙砧1号(国产、浙江省农科院蔬科所提供)、浙砧2号(国产、浙江省农科院蔬科所提供)、英雄(国产、荷兰瑞克斯旺青岛有限公司提供)。

2. 接穗品种

百利(荷兰瑞克斯旺公司商品种)。

(二)嫁接

番茄接穗与砧木同步生长至5~6片真叶、茎粗0.8~1.0厘米时,采用大苗顶插接法嫁接,砧木离地5~7cm,1~2张真叶部横切断,与2片真叶接穗插接,用嫁接夹固定,大棚、小棚及遮荫网保温保湿,成活后去夹抹除砧木侧枝,1周后移栽定植。

(三)试验设计与方法

1. 试验处理

试验设置5个处理,不同砧木品种嫁接处理4个,不嫁接处理1个,以不嫁接处理(CK1)和英雄砧木处理(CK2)为对照,每处理小区面积33.33平方米(84株),不设重复,随机排列。

2. 考查方法

生长中、末期(8月13日、10月10日)分别考察各处理小区番茄青枯病、枯萎病、溃疡病等细菌性病害引起的病死株,计算病死株率;分别考察各处理小区番茄健株株高、始果节位、总果序数、单果重,记录小区实际采摘产量,折算各处理小区产量。

3. 栽培管理

3月18—22日开始大棚育苗,砧木1~2片真叶时,移植营养杯,放入小拱棚,以肥水和温度调控接穗与砧木同步生长待接,4月29日至5月1日在小棚内嫁接,5月10日再移入露地栽培。苗床与大田选择排灌条件好、轮作5年以上的田块,每亩施用150千克生石灰消毒,并统一进行常规病虫害防治。嫁接前后1周内用20%松脂酸铜乳油(菌毒黑枪)3 000倍液对各处理防病1次,移栽后15天、25天各处理用72%农用链霉素3 000倍液+恶霉灵4 000倍液灌根1次。

二、结果与分析

(一)产量与田间病死株率

具体结果见表1、表2。

表1　不同处理田间病死株率比较表

处理	砧木	播种(月-日)	嫁接(月-日)	移栽(月-日)	病死株率(%)				
					8月13日	防效	10月10日	防效	上升比例(%)
A	健壮	3-18	4-29	5-10	8.8	66.28	9.4	80.25	6.80
B	英雄(CK1)	3-19	4-30	5-10	6.9	73.56	12.5	73.74	81.16
C	浙砧1号	3-20	5-1	5-10	7.4	71.64	14.3	69.96	93.24
D	浙砧2号	3-20	5-1	5-10	10.9	58.23	15.5	67.44	42.22
E	不嫁接(CK2)	3-22	—	5-10	26.1	—	47.6	—	82.37

表2　不同处理农艺性状比较表

处理	砧木	农艺性状					
		株高(厘米)	始果节位(厘米)	总果序数(个)	每序果(个)	单果重(克)	折单产(千克/亩)
A	健壮	307	6.2	12.3	4.1	140.2	9 944
B	英雄(CK1)	315	6.1	13.2	3.8	142.5	9 603
C	浙砧1号	322	5.8	13.6	3.9	146.8	10 260
D	浙砧2号	326	5.8	13.2	3.8	147.1	9 574
E	不嫁接(CK2)	258	6.0	13.5	3.4	137.5	6 111

(二)结果分析

1.嫁接控病效果

处理A、B、C、D青枯病发病较CK2差异明显,田间病死株率变幅在6.9%~15.5%,防效达到58.23%~80.25%。8月13日各砧木品种嫁接番茄田间病死株率6.9%~10.9%,以英雄(CK1)最低,浙砧2号最高;10月10日各砧木品种发病率随生长期的延续均有所上升,病死株率为9.4%~15.5%,处理间差异扩大,以日本砧木健壮发病最低,浙砧2号发病最高;增幅比例健壮最低,浙砧2号、英雄(CK1)、浙砧1号依次上升。

2.砧木品种间产量差异

各砧木品种处理间产量差异不明显;采用嫁接与不嫁接处理产量有较大差异,主要是由于病死株减(绝)产引起的;各处理间除株高外,其余农艺性状相仿。

三、讨论和结论

试验表明，不同砧木品种均可达到一定的防病效果，采用抗青枯病番茄砧木嫁接换根方法，能有效抑制山地番茄青枯病等危害，尤其是控治前期发病基数，延缓病情上升，减少损失。

从不同砧木青枯病发病率看，以日本进口的健壮砧木最好，但其种子市场价格相对昂贵，性价比一般；荷兰瑞克斯旺青岛有限公司培育的国产砧木，我地已使用2年，其嫁接亲和性、抗病性均较好。价格适中，容易被农民接受；浙砧1号、2号是浙江省农科院新育成的抗青枯病砧木品种，经农业部蔬菜质量监督检验检测中心（北京）测定，对青枯病、枯萎病等最主要的2种根部病害为高抗，并兼抗番茄花叶病毒病和叶霉病2种主要地上部病害，对青枯病有较强抗性，其种子价格比进口的健壮和英雄要低廉得多，具有较好的推广前景。

作　　者：王红亮　袁德明　董文忠　季茂荣　林　敏
作者单位：浙江省临安市种子推广中心
原　　载：现代农业科技，2008，20：104，106.

□ 建德山地春季栽培松花菜新品种比较试验

松花菜，因其梗青球白、甜脆可口、味道鲜美、久煮不烂而倍受消费者青睐。几年来，种植面积逐年大幅增加，已逐步取代紧花菜，发展潜力与前景看好。山区农民在海拔400~700米山地进行反季节栽培，解决了当地市场花椰菜淡季供应问题，种植效益明显提高。为筛选适宜建德当地海拔400~700米山地栽培，同时适合该区域四季豆前茬搭配种植的松花菜优良品种，在2012~2013年品种试验基础上，2014年引进12个松花菜新品种，进行新品种比较试验，希望从中筛选出生产性好、商品性优良、抗逆性强、经济效益好的新品种。现将试验结果报道如下。

一、材料与方法

（一）材料

试验在海拔510米的建德三都镇羊峨村西山进行，试验地块属沙壤土，肥力中等，排灌方便，前作空闲。参试的为12个引进的新品种：庆农65天、凯丽65天、雪松65天、雪丽65天、台松65天、浙091、登峰青梗65天、松宝70、青云85天、雪丽85天、凯丽90天、庆农90天。以当地主栽品种雪丽65天作对照（CK）。

（二）处理设计

试验以品种为处理，小区面积6.5平方米，随机区组排列，重复3次。1月24日播种，3月13日定植。畦宽1.3米（连沟），双行种植，株行距50厘米×65厘米，每个小区种植20株。四周设保护行，保护行种植对应品种。

播种、育苗、定植、施肥、灌水、防治病虫害按照大田生产要求实行统一管理。采用育苗基质、50孔穴盘直播，精细育苗。合理实行肥水齐攻，一促到底。认真预防软腐病、黑腐病等病害和菜青虫、蚜虫等害虫。

（三）调查项目

在松花菜田间生长期、花球收获时观察和调查各品种的植物学性状、商品性，以小区为单位统计产量。花球边缘松散时为采收适期，各品种取10株保留花球短茎和2~3片外叶，取平均值计算花球重。

二、结果与分析

（一）生育期

由表1可以看出，参试品种雪松65天、台松65天生育期与对照雪丽65天相同，从定植至采收为56天；庆农65天、凯丽65天、登峰青梗65天生育期与对照相仿，从定植至采收分别为57，58，58天；其他品种与对照相比显得较为迟熟，从定植至采收为62~75天，以庆农90天，凯丽90天为最迟熟，从定植至采收为75天。

表1 参试松花菜品种生育期与植物学性状表现

品种	播种期（月-日）	定植到始收期（天）	株高（厘米）	开展度（厘米）	单株叶片数	叶面蜡质	叶色
庆农65天	1-24	57	64.0	74	22	多	灰绿
庆农90天	1-24	75	65.2	93	23	多	灰绿
凯丽65天	1-24	58	65.0	80	22	中	浅绿
雪松65天	1-24	56	42.0	51	20	中	灰绿
松宝70	1-24	62	60.0	70	22	中	灰绿
台松65天	1-24	56	65.3	81	22	多	浅绿
雪丽65天	1-24	71	63.7	87	23	多	浅绿
浙091	1-24	66	54.3	66	22	中	浅绿
登峰青梗65天	1-24	58	62.0	76	22	中	浅绿
凯丽90天	1-24	75	64.3	90	23	中	浅绿
青云85天	1-24	69	60.0	88	22	中	灰绿
雪丽85天（CK）	1-24	56	63.0	78	22	多	浅绿

（二）植物学性状

由表1可以看出，参试品种植株生长势比对照旺盛的有庆农90天、凯丽90天、青云85天、雪丽85天，以庆农90天、凯丽90天长势最旺，株高分别为65.2厘米，64.3厘米，开展度分别为93厘米，90厘米；庆农65天、凯丽65天、登峰青梗65天、台松65天等品种长势与对照相当；长势比对照弱的有雪松65天、松宝70、浙091，以雪松65天为最弱，株高仅42厘米，开展度51厘米。

（三）商品性状

由表2可以看出，品种间商品性状差异较大。庆农65天、凯丽65天、台松65天、庆农90天、凯丽90天、对照，结球扁圆形、梗青（浅）绿色、松花、蕾粒细，外观整齐一致，商品性好；登峰青梗65天、松宝70、浙091、青云85天、雪丽85天等品种，结球扁圆形、梗青（浅）绿色、松花，但外观整齐度一般，商品性一般；雪松65天品种结球不正常，特早、特小、早花严重，没有商品价值。

表2 参试松花菜品种主要商品性状和产量表现

品种	球茎（厘米）	球高（厘米）	梗色	商品性	花球重（千克）	折合产量（千克/亩）
庆农65天	24.5	21.0	青绿	好	1.35	2 769
庆农90天	25.5	22.0	浅绿	好	1.42	2 913
凯丽65天	23.0	20.0	浅绿	好	1.37	2 810
雪松65天	16.0	15.0	浅绿	差	0.48	984.6
松宝70	20.0	18.0	浅绿	差	0.93	1 908
台松65天	25.3	23.0	青绿	好	1.31	2 687
雪丽65天	24.0	20.0	青绿	较好	1.27	2 605
浙091	23.2	21.6	青绿	较好	0.96	1 969
登峰青梗65天	22.0	18.2	青绿	较好	1.13	2 318
凯丽90天	23.0	21.0	浅绿	好	1.25	2 564
青云85天	23.2	18.0	青绿	较好	1.19	2 441
雪丽85天（CK）	23.5	23.0	青绿	好	1.30	2 667

（四）产量

从表2可以看出，有4个参试品种的产量比对照高，其中，庆农65天增产3.85%，凯丽65天增产5.38%，台松65天增产0.77%，以庆农90天为最高，增产9.23%；产量最低的是雪松65天，比对照减产63.08%。

（五）抗病抗逆性

参试的12个品种，在生长期间均未发生病害。据田间观察，雪松65天耐寒性较弱；浙091在晴天中午时段叶片萎蔫严重，耐旱性较弱。

三、小结

试验结果表明，松花菜庆农65天、凯丽65天、台松65天及对照雪丽65天4个品种表现生育期适中、生长旺盛、抗逆性强、商品性优良、产量高、市场畅销，可作为海拔400~700米山地春季栽培松花菜推广的首选品种。雪丽85天、庆农90天、凯丽90天3个品种同样表现为生长旺盛、抗病、品质优良、产量较高，但生育期较迟，可进一步试验示范，研究其适宜性。雪松65天、松宝70、青云85天、浙091、登峰青梗65天5个品种表现结球不整齐，商品性一般，产量低，尤其是雪松65天不耐寒、早花、商品性差、产量低，浙091在晴天中午时段叶片萎蔫现象较明显，故该5个品种在海拔400~700米山地不宜推广。

作　　者：严百元
作者单位：浙江省建德市种子管理站
原　　载：浙江农业科学，2015，56（5）：707-708.

□ 山地西瓜后茬松花菜品种比较试验

松花菜因其梗青球白、味道鲜美、甜脆可口、久煮不烂而倍受消费者青睐。几年来种植面积大幅增加，现已取代紧花菜，发展潜力与前景看好。建德市每年在海拔400~700米的山地种植西瓜2 000余亩，每亩产量2 500千克以上，产值5 000元。西瓜收获后8月中下旬至12月土地空闲，因此在其后茬种植松花菜，不仅可以提高种植效益，而且利于解决当地市场花椰菜供应淡季问题，另外山地西瓜后茬种植松花菜的效益明显高于其他适种蔬菜。所以，为筛选适宜建德当地海拔400~700米的山地西瓜后茬搭配种植的松花菜优良品种，在2012年、2013年品种试验基础上，2014年以台松65天为对照，对11个早、中熟松花菜新品种，进一步进行品种比较试验，希望从中筛选出生产性好、商品性优、抗逆性强、经济效益高的优良品种。现将试验结果总结如下。

一、材料与方法

（一）供试品种

参试品种共11个，其中佳美50天、浙农松花50天、台松50天和台松55天为早熟品种，浙017、浙091、台松65天、松宝70、登峰青梗65天、台蔬青梗松花65天、庆农65天为中熟品种，以台松65天为对照品种。

（二）试验设计

试验设在海拔510米的三都镇羊峨村，地块属沙壤土、肥力水平中等偏上、排灌方便、形状规正、大小合适、肥力均匀。7月20日播种，8月25日定植。畦宽1.3米（连沟），双行种植，行株距65厘米×50厘米。采用随机区组设计排列，3次重复，小区面积6.5平方米，每小区种植20株，四周设保护行，保护行种植对应小区品种。试验主要调查各品种的生育期、植物学性状和主要商品性状，以小区为单位统计产量，花球边缘松散时为采收适期，各品种取10株保留花球短茎和2~3片外叶，取平均值计算花球重。以各品种上市时期调查的销售平均价统计产值。

（三）试验管理

试验的播种、育苗、肥水管理和病虫防治等按照大田生产要求实行统一管理。播种育苗在覆遮阳网、防虫网的拱棚内进行，采用育苗基质和50孔穴盘直播，两段育秧，6片叶时定植。定植后，中耕培土1~3次，要求"肥水齐攻，一促到底"。认真防治软腐病、黑腐病等病害和菜青虫、菜螟、小菜蛾、斜蚊夜蛾、蚜虫等害虫。

二、结果与分析

（一）植物学性状比较

由表1可以看出，早熟类型品种株高以台松55天最高，达61.5厘米，浙农松花50天最矮，仅为52.0厘米，台松50天、佳美50天分别为57.0厘米、60.5厘米；开展度相仿，为79.0~81.0厘米；外叶数均为18片。中熟类型品种株高以台蔬青梗松花65天最高，达75.0厘米，依次是庆农65天73.0厘米、台松65天（CK）70.5厘米、登峰青梗65天70.0厘米，浙091最矮，仅为57.5厘米；台蔬青梗松花65天开展度最大，达95.0厘米，松宝70开展度最小，为72.0厘米；外叶数均为20片。台蔬青梗松花65天、登峰青梗65天、庆农65天3个品种生长势与台松65天（CK）相当，植株长势旺，开展度大，叶片肥厚。

表1　参试品种植物学性状比较

熟期类型	品种	株高（厘米）	开展度（厘米）	叶数（片）	叶面蜡质	叶色
早熟	佳美50天	60.5	80.0	18	中	浅绿
	浙农松花50天	52.0	79.0	18	中	浅绿
	台松50天	57.0	78.0	18	中	浅绿
中熟	台松55天	61.5	81.0	18	中	浅绿
	浙017	65.0	78.0	19	中	浅绿
	台蔬青梗松花65天	75.0	95.0	20	中	淡绿
	登峰青梗65天	70.0	84.0	20	中	浅绿
	松宝70	59.5	72.0	20	中	灰绿
	浙091	57.5	77.0	20	多	浅绿
	庆农65天	73.0	89.5	20	多	灰绿
	台松65天（CK）	70.5	88.0	20	多	浅绿

（二）生育期比较

由表2可以看出，台松65天（CK）从定植到采收为71天，参试的早熟类型品种佳美50天、台松50天、浙农松花50天、台松55天，从定植至采收分别为55天、51天、49天、56天，以浙农松花50天为最早熟；中熟类型品种浙017、台蔬青梗松花65天、松宝70、庆农65天，从定植到采收为65~70天，比台松65天（CK）早熟；以浙091、登峰青梗65天为最迟熟，从定植至采收为74天。由试验结果知，以浙农松花50天最早，10月13日始收，登峰青梗65天最迟，至11月25日采收结束。

表2　参试品种生育期与商品性状比较

熟期类型	品　种	播种期（月-日）	定植至始收期（天）	球径（厘米）	球高（厘米）	梗色	球形	商品性
早熟	佳美50天	7-20	55	19.2	16.4	青绿	扁圆	好
	浙农松花50天	7-20	49	21.0	16.0	浅绿	扁圆	好
	台松50天	7-20	51	18.6	16.2	浅绿	扁圆	较好
	台松55天	7-20	56	19.0	17.0	浅绿	扁圆	好
中熟	浙017	7-20	67	21.5	15.5	青绿	扁圆	好
	台蔬青梗松花65天	7-20	68	28.5	20	青绿	扁圆	好
	登峰青梗65天	7-20	74	25.5	16.5	青绿	扁圆	好
	松宝70	7-20	65	19.0	16.8	浅绿	扁圆	差
	浙091	7-20	74	20.0	16.0	青绿	扁圆	较好
	庆农65天	7-20	70	27.0	17.5	青绿	扁圆	好
	台松65天（CK）	7-20	71	27.0	16.0	青绿	扁圆	好

（三）商品性状比较

采收时，通过对各品种花球主要商品性状进行考查及日常田间观察记载，由表2可以看出，品种间表现差异比较大。其中庆农65天、登峰青梗65天、台蔬青梗松花65天、浙017和台松65天（CK）品种结球扁圆形、花球大、梗青绿色、松花、蕾粒细、外观整齐一致，商品性好。佳美50天、台松50天、浙农松花50天、台松55天四个早熟类型品种，结球扁圆形、花球大、梗青（浅）绿色、松花、蕾粒细、外观整齐一致，商品性好。

（四）抗病性比较

参试的11个品种，在生长期间均未发生明显的病害。

（五）产量与产值比较

由表3可以看出，参试的7个中熟类型品种仅庆农65天、台蔬青梗松花65天的产量比台松65天（CK）高，以庆农65天为最高，比台松65天（CK）增产8.15%，每亩产值增加1 507.6元；台蔬青梗松花65天比台松65天（CK）增产5.19%，每亩产值增加1 261.6元；松宝70产量最低，比台松65天（CK）减产40.74%，每亩产值减少2 554.1元。参试的4个早熟类型品种产量均比台松65天（CK）低，减产幅度25.93%~37.78%，但因早熟，花球上市早，销售价格高效益好，每亩产值均比台松65天（CK）高，增加104.7~916.9元，以浙农松花50天最高，每亩产值比台松65天（CK）增加916.9元。

表3 参试品种产量、产值比较

熟期类型	品种	花球重（千克）	小区产量（千克）	折合每亩产量（千克）	比CK±（%）	每亩产值（元）	比CK±（元）
早熟	佳美50天	1.02	20.4	2 092.4	−24.45	7 951.1	+473.7
	浙农松花50天	0.93	18.6	1 907.8	−31.11	8 394.3	+916.9
	台松50天	0.84	16.8	1 723.2	−37.78	7 582.1	+104.7
	台松55天	1.0	20.0	2 051.4	−25.93	7 795.3	+317.9
中熟	浙017	1.23	24.6	2 523.2	−8.90	7 569.6	+92.2
	台蔬青梗松花65天	1.42	28.4	2 913.0	+5.19	8 739.0	+1 261.6
	登峰青梗65天	1.32	26.4	2 707.8	−2.22	7 311.1	−166.3
	松宝70	0.8	16.0	1 641.1	−40.74	4 923.3	−2 554.1
	浙091	1.10	22.0	2 256.5	−18.52	6 092.6	−1 384.8
	庆农65天	1.46	29.2	2 995.0	+8.15	8 985.0	+1 507.6
	台松65天（CK）	1.35	27.0	2 769.4	−	7 477.4	−

三、试验小结

试验结果表明，浙农松花50天、庆农65天、台蔬青梗松花65天、台松65天（CK）4个品种综合表现突出，生长旺盛、抗逆性强、花球商品性优良、产量高、效益好，可作为海拔400～700米山地西瓜后茬配套种植的首选品种。浙017、登峰青梗65天、佳美50天、台松50天、台松55天4个品种同样表现为生长旺盛、抗病、品质优良，虽产量偏低，但每亩产值高于或与对照相仿，可作进一步试验示范，研究其适宜性。

作　　者：严百元[1]　邹宜静[2]　叶荣林[3]　顾宏辉[4]
作者单位：1.建德市种子管理站　2.杭州市种子总站　3.建德市大慈岩镇农技站
4.浙江省农业科学研究院蔬菜研究所

原　　载：长江蔬菜，2016(06)：49-51.

□ 品种和播期对设施高山速生叶菜产量和效益的影响

速生叶菜是指小白菜、青菜、苋菜、生菜等以植物鲜嫩的叶片、叶柄为食用对象，生长期30天左右绿叶菜的统称，是杭州市夏秋季重要的补淡蔬菜之一，深受居民青睐。当前"大市场、大流通"有效保证了杭州市耐储藏运输蔬菜种类的供应，而速生叶菜因贮藏期短，难以远距离运输，只能以当地生产为主。自2009年起杭州市通过在城市近郊建设叶菜功能区项目，使速生叶菜类主城区自给率达到74%，并通过大力推广设施栽培、频振式杀虫灯、性诱剂、粘虫板诱虫、防虫网覆盖、遮荫降温、避雨栽培、增施有机肥等生物物理防治病虫害技术，提高了速生叶菜的食用安全性。但是随着近年各种气象灾害和极端天气影响的增多增强，特别是夏秋季的高温干旱会导致速生叶菜生长发育受阻、发生萎蔫、甚至整株死亡，严重影响了产量和市场供应量。

高山蔬菜在杭州市有30多年的栽培历史，是我市蔬菜供应的重要组成部分，在平抑夏、秋淡季供应，为城镇居民提供优质、安全蔬菜产品中起了重要作用。现杭州市高山蔬菜栽培种类主要以四季豆、番茄、茄子、瓠瓜等高效益蔬菜为主，而已列入我市城市蔬菜应急供应体系的速生叶菜受病虫频发和运输困难等因素限制鲜有种植。本文探索了品种和播期对高山设施栽培速生叶菜产量和经济效益的影响，为在我市建立高山叶菜功能区的可行性提供依据，进而丰富高山蔬菜淡季供应的种类。

一、材料与方法

（一）试验材料

试验选用的小白菜5个品种，青菜3个品种，苋菜、生菜、菠菜各1个品种是在前三年速生叶菜夏秋季平地设施栽培试验结果的基础上筛选出的优良品种或表现相对较好的品种。5个小白菜品种分别为：早熟5号（杭州六和种子有限公司），浙白6号、双耐（杭州市良种引进公司），先锋（杭州博邦种子有限公司），美佳菜（杭州三雄种苗有限公司），以早熟5号为对照；青菜3个品种分别为：夏帝（福州农博王种苗有限公司）、悍将（杭州博邦种子有限公司）、杭绿一号（杭州市良种引进公司），以夏帝为对照；苋菜品种为红圆叶（长沙新万农种业有限公司）；生菜品种为意大利生菜（厦门文兴蔬菜种苗有限公司）；菠菜品种为利丰火箭（杭州市良种引进公司）。

（二）试验方法

试验在临安市清凉峰镇浪广村浪源高山蔬菜专业合作社基地育苗大棚进行，大棚宽6米，覆顶膜和上边膜，下盖防虫网，以通风防虫；基地海拔800米，土壤肥力中等偏下。设6月10日、7月10日、8月5日三个播期，每播期3次重复，品种随机排列，每小区面积13.34平方米，4~5叶时间苗，定苗至密度15厘米×15厘米，小白菜32天、青菜35天进行小区测产，其他按照常规叶菜生产技术管理。

二、结果与分析

（一）品种和播期对高山速生叶菜产量的影响

除菠菜外，参试的其他四类叶菜3个播期均取得较好的产量。5个小白菜品种3个播期平均亩产以对照早熟5号的1 803.5千克最高，双耐的1 789.2千克次之，比对照减产0.8%，美佳菜的1 318.0千克最低，比对照减产26.9%；5个小白菜品种在3个播期的产量表现基本一致，只有7月10日这一播期的双耐小区均产36.18千克，略高于对照早熟5号的小区均产36.13千克；各参试品种每个播期的平均产量以8月5日这一播期最高（表1）。3个青菜品种3个播期的平均亩产以杭绿1号的1 468.2千克最高，比对照夏帝增产13.9%，悍将的1 312.5千克次之，对照夏帝最低，为1 288.7千克；3个播期各参试品种产量表现一致，平均亩产以播期7月10日最高（表2）。红圆叶苋菜3个播期平均亩产1 008.3千克，以播期6月10日亩产量最高，比7月10日、8月5日分别增2.4%和10.5%；意大利生菜三播期平均亩产1 116.7

千克，以播期7月10日亩产量最高，比6月10日、8月5日分别增15.2％和51.4％（表3）；利丰火箭菠菜3个播期均不能正常出苗。

（二）品种和播期对高山速生叶菜经济效益的影响

由于高山独特的气候条件，生产的叶菜外观商品性均较好，收获后统一装筐上市，品种商品性差异在价格上不能体现，因此各播期各品种的亩产值与产量成正比。小白菜以8月5日平均亩产值6 671元最高，比6月30日、6月10日分别增13.0％和85.0％（表1）；青菜以8月5日平均亩产值5 471元最高，比6月30日、6月10日分别增2.9％和84.8％（表2）；红圆叶苋菜以6月30日播期亩产值5 125元最高，比6月10日、8月5日播期分别增8.4％和7.9％；意大利生菜以6月30日播期亩产值5 300元最高，比6月10日、8月5日播期分别增31.7％和51.4％（表3）。

表1　高山小白菜品种、播期比较试验结果表

品种	6月10日			7月10日			8月5日			平均亩产（千克）	比CK±（％）	平均亩产值（元）	比CK±（％）
	小区均产（千克）	折亩产（千克）	亩产值（元）	小区均产（千克）	折亩产（千克）	亩产值（元）	小区均产（千克）	折亩产（千克）	亩产值（元）				
早熟5号（CK）	33.33	1 666.5	3 999.6	36.13	1 806.5	6 503.4	38.75	1 937.5	7 750	1 803.5	－	6 084.3	－
浙白6号	29.52	1 476	3 542.4	32.48	1 624	5 846.4	32.59	1 629.5	6 518	1 576.5	-12.6	5 302.3	-12.9
双耐	32.99	1 649.5	3 958.8	36.18	1 809	6 512.4	38.18	1 909	7 636	1 789.2	-0.8	6 035.7	-0.8
先锋	27.98	1 399	3 357.6	30.66	1 533	5 518.8	31.74	1 587	6 348	1 506.3	-16.5	5 074.8	-16.6
美佳菜	25.98	1 299	3 117.6	28.03	1 401.5	5 045.4	25.07	1 253.5	5 014	1 318.0	-26.9	4 392.3	-27.8
平均	29.96	1 498.0	3 595.2	32.70	1 634.8	5 885.3	33.27	1 663.3	6 653.2	1 598.7	－	5 377.9	－

注：6、7、8月份小白菜每千克单价分别为2.4元、3.6元和4.0元

表2　高山青梗菜品种、播期比较试验结果表

品种	6月10日			7月10日			8月5日			平均亩产（千克）	比CK±（％）	平均亩产值（元）	比CK±（％）
	小区均产（千克）	折亩产（千克）	亩产值（元）	小区均产（千克）	折亩产（千克）	亩产值（元）	小区均产（千克）	折亩产（千克）	亩产值（元）				
夏帝（CK）	23.19	1 159.5	2 782.8	27.58	1 379	4 964.4	26.55	1 327.5	5 310	1 288.7	－	4 352.4	－
悍将	24.56	1 228	2 947.2	29.52	1 476	5 313.6	24.67	1 233.5	4 934	1 312.5	1.8	4 398.3	1.1
杭绿1号	26.04	1 302	3 124.8	31.28	1 564	5 630.4	30.77	1 538.5	6 154	1 468.2	13.9	4 969.7	14.2
平均	24.60	1 229.8	2 951.6	29.46	1 473	5 302.8	27.33	1 366.5	5 466	1 356.5	－	4 573.5	－

注：6、7、8月份青梗菜每千克单价分别为2.4元、3.6元和4.0元

表3　高山苋菜和生菜品种、播期比较试验结果表

品种	6月10日			7月10日			8月5日			平均亩产（千克）	平均亩产值（元）
	小区均产（千克）	折亩产（千克）	亩产值（元）	小区均产（千克）	折亩产（千克）	亩产值（元）	小区均产（千克）	折亩产（千克）	亩产值（元）		
红圆叶苋菜	21.0	1 050	4 725	20.5	1 025	5 125	19.0	950	4 750	1 008.3	4 866.7
意大利生菜	23.0	1 150	4 025	26.5	1 325	5 300	17.5	875	3 500	1 116.7	4 275.0

注：6、7、8月份苋菜每千克单价分别为4.5元、5.0元和5.0元；生菜每千克单价分别为3.5元、4.0元和4.0元

三、结论与讨论

从试验结果看，夏秋季在高山生产小白菜、青菜、苋菜、生菜等速生叶菜均能取得较高的产量和较好的经济效益，而菠菜属喜冷凉的蔬菜，且种子发芽困难，生长速度缓慢，因此不适宜作夏秋季速生叶菜栽培；夏帝青菜虽种子价格昂贵，但因抗热性强在平地夏秋季速生叶菜生产中广泛种植，而高山地区平均气温相对较低，因此高山生产优势不突出。另外，在相同设施条件下，与平地同播期相比，6月10日播期小白菜略低于平地一般亩产1 750千克左右的水平，青菜略低于平地一般亩产1 400千克左右的水平，这可能是该播期时高山气温相对较低、雨水较多，导致叶菜生长缓慢；7月10日、8月5日两个播期的小白菜明显高于平地一般亩产1 250千克左右的水平，青菜明显高于平地一般亩产1 000千克左右的水平，这可能是此时期我市平地高温干旱天气频发导致叶菜生长受滞，而高山相对平均气温低、日夜温差大更利于叶菜生长；试验中8月5日播期产量也较高是与2013年7、8月份持续高温干旱天气有关，往年至8月中旬高山气温已明显下降，与6月10日播期相似叶菜生长减缓，产量也略低于平地。各播期产值以8月5日最高，这与2013年异常高温干旱下市场叶菜供应不足，造成菜价上扬有关。

综合试验结果和上述分析表明，在杭州市高山地区利用现有较完善的设施开展叶菜生产是可行的。高山叶菜播种期宜选择在6月下旬至7月上旬，不仅是上市期切入市场供应淡季，也是高山叶菜产量、品质、商品性与平地相比优势最明显的时期。种类以小白菜和青菜为主，搭配栽培苋菜、生菜

等，在品种选用上，小白菜宜选早熟5号或双耐；青菜宜选杭绿1号，红圆叶苋菜和意大利生菜也是较理想的品种。

作　　者：邹宜静[1]　袁德明[2]　黄凯美[1]　颜韶兵[1]　李楚羚[1]　孙利祥[1]
作者单位：1.浙江省杭州市种子总站　2.临安市种子管理站
原　　载：浙江农业科学，2014(8)：1169-1171.

参考文献

陈水校，郑来兴. 2012. 杭丰一号茄子高产高效栽培技术 [J]. 上海蔬菜（5）：
　　8 ~ 9.

何润云. 2015. 南方蔬菜瓜果栽培实用技术 [M]. 北京：中国农业科学技术
　　出版社.

胡齐赞. 2004. 大白菜 [M]. 北京：中国农业科学技术出版社.

李灿，全洪明，龙祖华. 2014. 蔬菜园艺工（南方部分）[M]. 北京：中国
　　农业科学技术出版社.

刘常骏，毛荣姿，张丽芬，等. 2009. 松花菜高效栽培技术 [J]. 现代农业
　　科技（22）：105 ~ 106.

邵泱峰，王高林，王小飞，等. 2016. 南方山地蔬菜栽培 [M]. 北京：科学出
　　版社

吴旭江. 2016. 南方山地蔬菜栽培与病虫害防控 [M]. 北京：中国农业科学
　　技术出版社.

杨悦俭. 2004. 番茄 [M]. 北京：中国农业科学技术出版社.

杨重卫. 2015. 新型职业农民培训教材——种植篇 [M]. 北京：中国广播影
　　视出版社.

尹守恒. 2013. 蔬菜园艺工 [M]. 郑州：中原农民出版社.